面料的隐喻性

——关于纺织品的心理学研究

The Erotic Cloth:

Seduction and Fetishism in Textiles

[英] 莱斯利·米勒 (Lesley Millar) [英] 爱丽丝·凯特 (Alice Kettle) ———编著

董方源　阎兆来———译

重庆大学出版社

Contents
目录

Acknowledgements

致 谢

感谢英国创意艺术大学（University of the Creative Arts, UK）和英国曼彻斯特城市大学（Manchester Metropolitan University, UK）。

感谢所有对这本书表示关心和支持的同事们和朋友们，感谢塔姆辛·库米斯（Tamsin Koumis）和鲍勃·怀特（Bob White），尤其感谢我们的研究助理克里斯汀·戴伊（Christine Day）。

同时，要特别感谢亚瑟·斯奎尔斯博士（Dr Arthur Skweres），他提出了关于《银翼杀手》的原创性想法。

Foreword

序

玛丽·斯科特

托马斯·卡莱尔（Thomas Carlyle）在他 1836 年的长篇小说《衣裳哲学》（Sartor Resartus）[1]（首次连载于 1833—1834 年）中，虚构了一个德国哲学家，部分戏谑，部分承载了卡莱尔自己关于他"新服饰哲学"（New Philosophy of Clothes）的思考。小说名《衣裳哲学》意为"旧衣新裁"，自那以后这本书就一直对文学和哲学产生影响，也开启了对服装历史的重估。[2] 小说的一个中心论点是物质的意义随着文化的改变而改变。考虑到面料的隐喻意义和文化及亚文化一样多，我们似乎能够以卡莱尔的小说作为我们讨论的起点。

"社会是建立在面料之上的"，卡莱尔小说的主人公如是说。他还说道："社会航行在无穷无尽的面料之上，就像浮士德的披风（Mantle），或更像使徒梦中或洁或脏的兽皮（Sheet）；若没有这样的兽皮或披风，社会将会坠入无尽深渊，或陷入无意义的混沌之中，不管怎样，它都将不复存在。"带着这种想法，让我们来看看彼得·莱利爵士（Sir Peter Lely）在 1665 年前后为戴安娜·科克（Diana Kirke，后来的牛津伯爵夫人）所绘的肖像画。其绘画技巧模仿了 1535 年帕米尔加尼诺（Parmigianio）的画作（当时归莱利所有，现存于大英博物馆）中关于织物的画法，这一画法在 16 世纪圣母肖像画中十分常见，成了一个被巧妙打乱的感官信号。但这个意义是何时出现的呢？18 世纪时，霍勒斯·沃波尔（Horace Walpole）将画作中戴安娜的服饰描绘为："一件美丽的睡衣，仅由一根针束紧。"因此这个绘画技巧并不会造成什么伤害。然而在 2001 年，当这幅画被选为随国家肖像馆"绘画中的女性"展览一同出版的书籍封面时，其海报被禁止在伦敦地铁展出。[3] 卡莱尔是否也发现戴安娜垂落的丝绸衣服 (Mantle) 使人联想到诱人的"无尽深渊"？他的小说是否在事实上，逐渐引入了对服饰和面料意义的更有意识的社会认识？

作为发育遗传学家及《梳毛、八卦及语言的进化》（Grooming, Gossip and the Development of Language, 1996）一书的作者，罗宾·邓巴（Robin Dunbar）则提供了另一种可能。他认为人类出现的语言，取代了大猩猩中的梳毛活动，成为基本的群体关系。面料，如我们所知，代表着体积（Volume, 此处双关音量），或"八卦"。它在梳毛中也是一种交流工具，并作为寓言叙事起着加强触觉"触摸"的作用。第一世界的社会已脱离了其固有位置——这一现象始于文艺复兴时期，伴随着贸易和原始工业化（proto-industrialization）不断加速——人们似乎可以通过服饰中愈发蕴含的情欲潜能来追溯历史发展的轨迹：从紧身针织丝袜、闪光的绸缎、十足轻薄的纺纱到弹力牛仔布、塑化棉、橡胶涤纶。这样的衣服所能提供的情欲信息远优于口头表达：不管音乐有多吵闹，它都能在远处被人"听"到，而只有"说"同一种语言的人才能听到。重要的是，我们对面料的解读如此熟练，以至于在某些没有被面料覆盖的地方，它也能够清楚表达自己的意义，通过艺术和设计、电影、摄影来以隐喻的方式触动我们。

我们不再需要共享同一个空间来创建那些肯定生命（或偶尔拯救生命）的纽带了。

人们对面料的"谈论"已经长达数个世纪，但此书突出了那些，按照编辑的话来说，在过去很大程度上不会明说的方面。此书出现的时机恰到好处，同时又富有挑战，因其在这一感官欲望需求理解的历史时刻，开辟了全新的道路。卡莱尔在他的时代里将他对服饰的分析形容为："一个未经尝试、几乎难以想象的领域；你也可以称之为混乱。"在《衣裳哲学》中，他接下来写的内容，为情欲面料的研究提供了最为合适的序言："在'这方面'的冒险中，知道调查和征服的过程中哪些是真实的，（这件事）极为困难，但其重要性也无法言喻。"

Mary Schoeser FRSA

玛丽·斯科斯 英国皇家艺术协会会员

School of Textiles Patron

纺织学校赞助人

Honorary Senior Research Fellow, V&A

维多利亚和阿尔伯特博物馆荣誉高级研究员

Honorary President, The Textile Society

纺织协会名誉主席

注释：

1. 古腾堡电子书计划，《衣裳哲学》托马斯·卡莱尔著。

2. 我自己的那本《衣裳哲学》是伦敦 J. M. Dent & Sons 出版社于 1908 年首次出版的第 7 版 (1921 年)，这里的引文来自第 38 页。关于最近的服装历史，请参考伦敦考陶德艺术学院于 2015 年 5 月 16 日举办的"女性塑造时尚 / 时尚塑造女性"会议上瑞贝卡·阿诺德教授的演讲《1965年以来的服装历史》。

3. 见《The Delightfully Racy World of the Merry Monarch》每日电讯报，2001 年 10 月 17 日。

Introduction

引 言

莱斯利·米勒　爱丽丝·凯特

20 世纪末以来，关于面料与身体之间的基本关系的讨论已经非常深入，主要侧重于纺织品的社会政治和叙述特殊性。随着触觉研究的兴起，在讨论触感时已经考虑了皮肤表面与服饰表面之间的连接。但是，这种关系的情欲本质往往是之前论述的潜台词，这已经得到公认，但在很大程度上未被提及。本书对面料进行了专门的研究，探寻在艺术、设计、电影、政治和舞蹈中，是如何利用面料的各种特质的，这些特质包括诱惑、隐蔽和揭露。

本书提出了一系列解释，其中情欲是一种多元状态，从历史和文化上来说是相互联系的。我们以引言作为本书的开篇，从西方的历史和当代背景出发，对主题进行了讨论，其中借鉴了我们的纺织品专业知识作为艺术实践。在最后一章中，我们以日本的关注点为基础，以后记作为结尾，从完全非西方的角度来看待这一概念。因此，希望这能够指导我们进一步研究其他文化如何协调面料与情欲之间的关系。

本书各章重点关注面料美学，面料通过其实体性引起兴奋和干扰，也关注了面料丰富的隐喻性，包括诱人、情欲、亲密，有时甚至令人震惊。我们对情欲的定义并非一成不变，也不是假定的，就像情欲的感觉本身是多变的、短暂的和个人化的。供稿的风格多样，涉及各种从业者和学者，他们都对面料这一语境下的情欲感兴趣。这一语境包括，作者莱昂纳多·帕杜拉（Leonardo Padura）在著作《哈瓦那·雷德》（Havana Red）中所捕捉的组合的力量："热量像一件紧身的、弹性十足的红绸披风，包裹着身体、树木和物体，缓缓注入……慢慢走入确定的死亡"（1997：1）。

本书源于对纺织品的热爱。作为本书的编辑，我们毕生致力于纺织品的研究。对我们而言，面料不仅仅是围绕运动或休憩的身体，进行裁剪、拼接、打褶、折叠或固定的纺织物。我们已经将纤维染色，进行编织，并在织物表面穿针引线。我们与之抗争，最终不可避免地，努力将其打造成期待的样子，直到结构和表面浑然一体。我们知道，手中握着的面料是由各个组成部分形成的统一整体，这些组成元素按照彼此之间以及与我们自己之间的关系进行排列放置。奥伊谢尔曼（Oicherman）描述了"面料惊为天人的紧密性"（2015：114），而对简·格雷夫斯（Jane Graves）来说，这是"与物质的狂热恋爱"。[1] 制作过程深深吸引了我们。

编织工

莱斯利·米勒

我的祖母在兰开夏郡的棉纺厂工作，她在晚年的时候，经常说起与之共事的妇女行事多么爽快。编织的过程成全了她们，正如传统歌曲《编织工》中所唱，织造过程是一种丰富的来源，包含大量隐喻和影射。

> 她问："年轻人，你以什么为生？"
> 我说："我声明，我是一名编织工。
> 我是一名爽快而自由的编织工。"
> "先生，您愿意用我的织机来编织吗？"她问道。
> 南希·罗特（Nancy Right）和南希·里尔（Nancy Rill）：
> 我为他们编织了钻石斜纹；
> 南希·布鲁（Nancy Blue）和南希·布朗（Nancy Brown）：
> 我为他们编织了玫瑰和王冠。2

除了这些狡黠和带有挑逗意味的寓言之外，编织工生产衣服所需的身体接触确实与拥抱的亲密感并无二致。从想象线和纤维之间的连接开始。当我们用手指感受线时，可以感受到，当一根线与另一根线紧密连接时会发生什么，会产生怎样的相互反应，会怎样移动并聚集在一起。我们想到"经纱的强度和纬纱的柔韧性、色彩的饱和度、图案的各个组成部分"（Kahlenberg 1998：52）。手指告诉我们最终的面料将如何像皮肤一样悬垂、折叠、掉落并伸展，以及我们的身体叙事如何通过我们的触碰和推拉嵌入面料中。然后我们松开双手，交出面料，承载其他生命的叙述：成为为这些生命展示自我的代理人的，吸收他们的身体痕迹，这些痕迹与我们（面料的创造者）无声地融为一体。

这本书着手探讨当面料在其他人（裁缝师、穿衣者、艺术家、作家）手中时，在情欲表达中起到什么作用，会激发什么幻想，唤起什么记忆，留下怎样的痕迹和沉淀。

刺绣者
爱丽丝·凯特

我的作品，是想通过针的魔力、面料和线的宽容特质，探索无意间表露和再现自己的丰富变化。这是一个奇妙的物理过程。通过面料的语言，谈论私密自我的情欲更容易。我自己的作品经常展现裸露，但并非公然地和性相关，而是更多地和脆弱性、暴露还有欲望相关。某些作品更加直截了当地通过展示和性相关的元素，创造一个更明确的自我形象。作为创作者，我以面料为情欲寄托的场所，让情欲在感觉和想象力之间建立了一个持久且不断再生的循环。刺绣这一艺术过程让人真正地参与其中，创建了想象和现实之间的空间，可以在这个空间中经历、分解和重塑体验。缝纫机的脉动和节奏、创造过程中专注和沉浸的深度、可拉伸的线和富有亲和力的表面，这些都可以激发感官的感受，我还从中发现了一种保持完整的方法。露丝·伊里加里（Luce Irigaray）将"女性想象"描述为了解母性本质的地方，隐含在人体的创造力中。精神与肉体的这种联系也许是其创作冲动和她身体的直觉的源泉。在面料的缝制中，我发现了一个富有创造性的感性自我。

情欲的面料

将纺织品理解为一种物质上的情欲，这一艺术理解背景，在精心制作的人物肖像画的帷幕和衣服中显而易见，通常被用作强调情感影响的比喻手段。在扬·凡·艾克（Jan van Eyck）创作的《阿诺芬妮夫妇肖像》（1434）中，丈夫和妻子处于中心位置，妻子衣服上绿色厚实的厚褶皱成为注意力焦点，暗示了旺盛的生殖状态。历史上，雕塑一直依靠面料来使坚硬的物体变柔和，并使运动中的物体固定下来。就像克莱尔·琼斯（Claire Jones）那章一样，面料成为肉眼可见、可以抚摸但仍固定的东西的代表。莱昂纳多·达·芬奇（Leonardo da Vinci）的素描《坐着的人的垂帘》（14—15世纪），也许是雕塑作品的初步素描，研究了面料的真实性、物理性、感观性，并且大部分都落在地板上。

安妮·霍兰德（Anne Hollander）在该主题领域的著作，展示了在绘画的布中表现的性感。16世纪，威尼斯艺术家们创作了"半情欲的准肖像"，这就需要把诱人的帷幕放在坐着的人物身上，整个背景里没有褶皱"（Hollander 2002:57）。像提香的《酒神巴克斯和阿里亚德内》[3]（1520—1522）一样，垂褶布的画法夸张，主人公身上勉强挂着的花花绿绿的布条，突出了情欲的色彩。酒神巴克斯从战车上飞跃而起，弄乱了长袍，表明他打算跑向阿里亚德内。她抓住下滑的垂褶布，左手拿着一条红色的饰带挡住下半身。在提香后来的作品《照镜子的维纳斯》[4]（1554）中，面料覆盖着身体，表达了与身体的亲密。带有毛皮衬里的织物成为第二层皮肤，吸引观赏者的目光看向胸部和臀部，这是如此的充满情欲。而形成强烈反差的是，维纳斯的一只手放在大腿上，另一只手遮掩着胸部，摆出端庄的姿态。

此外，对巴洛克风格后期的画家来说，"带有情欲色彩的织物与赤裸的肉体对比鲜明……通过将特定的现代织物呈现出一叠叠随机的、古典样式的垂褶布的样子，然后以难以解释的方式展现出来，进一步增加了织物的情欲色彩。"（Hollander 2002：60）。例如，布歇（Boucher）的绘画《里纳尔多和阿米达》（Rinaldo and Armida，1734）[5] 的主题不仅是阿米达（Armida）略带腼腆的成熟，还包括像流水一样围绕在她身上，以及环绕着她的爱人的豪华垂褶布。贡古特兄弟（The Goncourt Brothers）将布歇的作品描绘为"不着片缕的女性裸体，但他知道如何更好地让女性不着片缕"（Goncourt 1948：65）。

在 20 世纪 60 年代和 70 年代的纤维运动的开创性作品中，马格达林·阿巴卡诺维茨（Magdalene Abakanowicz）和克拉尔·泽斯勒宝特（Claire Zeislerbrought）等艺术家开始将材料作为情欲本身。格伦·亚当森（Glenn Adamson）称这种感官的、纤维化的纺织品为抓住"重力"，传统艺术被这些柔软的形式挑战"（2016:144）。在朱迪·芝加哥（Judy Chicago，1974—1979）的女权主义作品，伊娃·黑森（Eva Hesse）的作品以及多萝西娅·坦宁（Dorothea Tanning）的纺织雕塑（20 世纪 60 年代和 70 年代）中，性感的面料的艺术呈现以及性别，得到充分展示。后者的纺织雕塑以模糊的形象展现了情欲色彩（Kettle 2015:30）。丹宁（Tanning）说："我与缝纫机一起，在改变的过程中，拉扯着、缝制着、填塞着了人类服装的平庸材料，我本人是最为惊奇的。在我意识到之前，就拥有了'全部作品'，即曾经是化身的全部雕塑"（2001:281）。

最近，从艾琳·M. 莱利的新作品中，我们可以看到有关面料与情欲发展出了一种全新叙事。她将自己的私密自拍照"发送给情人"（Millar 2016:37），并制作成编织挂毯。在此处，注视、主题、意图、图像和创作者通过面料的结构融为一体。

除了这些以及其他艺术家对面料和情欲的反应之外，面料与情欲之间还有另一层联系，这种联系贯穿我们的一生。面料的身体联想和触觉充满了许多记忆：污渍、割伤、感觉、悬垂感、气味、声音，所有这些都可能通过被回忆或被遗忘的事情而激活情欲。对我们每个人而言，面料的情欲特征是在我们的想象力的潜意识倾向内形成的。我们触摸或记住天鹅绒的光滑／粗糙的绒毛，柔软的羊绒，凉爽的丝绸，我们的身体仿佛经历了时空穿越，回到我们最初的、没有语言的关系中。

对弗洛伊德而言，情欲想象力是建立在隐蔽和启示的概念之上的，他形容这种想象源自"创伤"的那一刻，当婴儿瞥见母体并将其视为"肉体"时，随着面料的移开，乳房暴露在外。安妮·哈姆林（Anne Hamlyn）将此空间称为"潜在启示"空间（2012:18），在此处，面料与母亲和孩子的近距离吸收了这种创伤和性的启示时刻。根据弗洛伊德的说法，面料会记住、吸收并成为这种相遇的象征，并成为恋物的对象。对偷窥狂和暴露狂来说，脱下衣服、袒露身体的那一刻非常重要，满足窥探和被窥探的欲望。[6] 弗洛伊德的重点是性别异性恋，以及对感观的启示和觉醒，而衣服则是这种体验的一部分。在接下来章节中，可以通过弗洛伊德以及唐纳德·温尼科特（Donald Winnicott）的概念背景来理解情欲的面料，其中后者进一步发展了弗洛伊德的理论。他认为，在婴儿时期，面料是舒适的毯子，可以作为对原始"创伤性"经历的回忆，在成年后将具有更深的感官意义。按照温尼科特的话来说，面料是一种"过渡对象"，它通过与世界以及与他人的相遇来调解和输送我们。面料是"想象力的桥梁"、是手头常用的织物，承载着过去的触觉体验（Jefferies，2015:97），是其他身体和奇妙接触的感官纺织物。面料作为中介或对象物，是一种织物 / 皮肤，因为"触摸也意味着被触摸"（Winnicott 1971）。

当面料成为我们的第二层皮肤时，它在我们的身体自我和我们在这个世界上的物理形态之间起到调解作用。面料成为我们投射感官知觉的薄膜，正如斯蒂尔所言，衣服扩展了这种接触："因为衣服与身体紧密相关，[且]最深层的衣服是充满情欲色彩的"（1985:9）。衣服、皮肤和身体之间的这种情欲和强有力的关系是如此紧密，以至于马里奥·佩尼奥拉（Mario Perniola）鼓励我们将身体视为有知觉的服装，"无尽的猜测带来各种情感体验和行动，包括兴奋，永不疲倦地横穿、穿透、穿上，进入，暗示等，并作为感知向外部世界敞开，接受外部事物，包括表象、皮肤和织物。

通过对比，安妮·哈姆林（Anne Hamlyn）将情欲的面料描述为身体和心灵的较量，感官和感觉是对立的两个面。

> 通常假定不能同时被织物设定表面的触觉效果和内在的敏锐性所吸引。要么占领知识和洞察力的世界，掌握命令和语言（拉康符号），要么注定停留在肉欲的诱人世界中。拉康将这一体验与想象联系在一起。（Hamlyn：2012：15）

就像织物的背面和表面，其感觉和知觉是不同的，但并非彼此对抗的关系。就像织物本身，是合成交织在一起，经纬交叉并交织成一块面料。这种织物的双面性是相互构成的，也象征并体现了我们内在的连通性，即明智的、无知觉的和感性的。克莱尔·帕亚科夫斯卡（Claire Pajaczowska）将面料描述为"同时连接却又分裂的膜"时，也以类似的措辞描述了感官身体，想象的自我和理性的头脑（2015：81）。[7]

乔安妮·安特维斯提（Joanne Entwistle）谈到衣服和外部世界之间存在的隐秘和本能关系，暗示穿着得体的身体"是个人独有的、私人的和感性的。我们与面料的关系是在社会和历史进程中形成的"（2007：94）。与情欲密切相关的身体和衣服之间的隐秘和亲密关系，在日本是通过男子穿着的传统和服外套得以正式化。正如池田裕子（Yuko Ikeda）在这本书的后记中所描述的，这些衣服外表朴素而不张扬，但内部衬有细丝，上面印有精美的设计图案，这些设计通常是情欲的（Shunga）图像，隐藏在视线之外、紧贴着皮肤，只有穿衣者自己知道。

虽然情欲的定位确实是高度隐私和私密的，但通过本书各章节，各个部分已经联系起来，作为编辑，我们希望从中体现出差异。每次对情欲／面料的探索，都呈现出高度个人化风格和特色（有些暗示爱情的固有本质是情欲的一个维度）。然而，它们是通过对中间状态和最终状态之间的一种迷恋联系在一起，这也是一种不到位的本质上的模糊性。情欲暗示了在穿着和制作面料时，我们如何在多种感觉之间移动、超越或将多种感觉综合起来。作为感性的个体，我们发现情欲存在于已存在和可能存在之间的空间，通常以记忆、联想为基础，而这种记忆和联想只存在于我们意识的边缘，已经被遗忘了，通过面料得以重新唤起。面料通过其流畅的运动，引起了感觉的起伏，充当了内脏器官和久违的身体之间的协调者。

面料和身体之间的联系被嵌入到我们的触觉记忆中，能够带我们回到那些埋藏的记忆中。这些不能用言语表达的渴望，徘徊在我们的视野边缘，抓住我们，由此产生躯体反应。卢茨·贝克尔（Lutz Becker）2005 年电影《对我而言衣服意味着什么？》的一名受访者表示："通常情况下，纺织品发出的声音存有一种情欲的联系。人们行走时，纺织品会发出声音，我认为昂贵的纺织品发出的声音更加好听。我记得我妈妈晚上出去时衣服的沙沙声。"他没有描述妈妈穿的是什么样的衣服，但他指的是面料与面料摩擦发出的声音，或者面料和皮肤摩擦发出的声音，就像贾尼斯·杰弗瑞斯（Janis Jefferies）描述的一系列表面一样，"粗糙、光滑、有光泽和黏性"，可以触摸肉体，并引起自体性欲体验。（Jefferies 2015:97）。这是一种体验，而不是一个物体，因此，回忆起来仍然是充满情欲色彩的。

现象学观点认为，这种情欲假想是存在于这个世界的生命 / 物理和形而上的维度（Schalow 2009）。作为一种迷恋，织物成了一种具体的体验，通过这种体验，想象力就可以为服装赋予"狂喜"的一面（Schalow 引用 Heidegger 1991 : 198）。因此，在记住声音而不是衣服本身时，联想仍然带有情欲和逃亡色彩，正如亚当·菲利普斯（Adam Phillips）指出的那样："衣服所呈现出的情欲，可能是让情欲容易被遗忘的所在——衣服成为渴望的对象"（2013 年）。导演王家卫在他的电影《花样年华》中通过女主人公的旗袍（中国传统的旗袍）达到这一移情目的。通过变化的图案和颜色，旗袍起初是男人和女人之间情欲交流的中介者，然后成为叙述者。最后，在我们期待旗袍的再次出现时，旗袍本身成为欲望的对象。

　　旗袍是一种女性服装，其设计恰到好处，领口很高、长度到膝盖，但由于是一种修身的连衣裙，为了方便穿衣者活动，其在大腿部分还有开口。当罗兰·巴特（Roland Barthes）问："身体中最具有情欲色彩的部分难道不是衣服上的开口处吗？"（1975:9）他将我们的视线引向隐约可见的、微妙的地方，我们的想象力在衣服和身体之间找到了自己的位置。当衣服的面料是蕾丝或包含蕾丝元素时，被瞥见的身体存在感最强。蕾丝，造成了一种不明确的感觉，体现了一种希望得到的暗示，以及可以被捕捉的一瞬间，但是没有完全暴露身体。两个表面之间的亲密空间：已知的和未知的；被遗忘的和被记住的。如果我们在内衣中使用蕾丝，它就意味着一个边界，它可能会成为一条界线：一个相遇的空间、衣服的边缘以及（不可触及的）空间的开始。蕾丝是公开与秘密、纯净与杂质、纯真与越界之间的情欲边缘，是完美的场景塑造，既引起了一些遐想又似乎在逃避什么、同时兼具高低不同的分辨率，占据了前景，然后逐渐褪变为背景（Millar 2011）。情欲总是漂浮在中间状态和最终状态的模棱两可的空间中。

　　当我们凝视对方时，将布料当作一种绘图工具，绘制出整个身体的轮廓。雕刻家用布描绘身体的线条，而对舞者而言，身体和面料形成了显露和遮盖的关系。运动中的面料是模棱两可的、融入的、可追踪的。对布的爱抚及其与身体之间直接和间接的相互关系，将我们拉回到了身体，由我们的想象力和对缺位的身体的记忆激活。我们已经意识到感官标志"给我们带来暴力；调动了记忆，使灵魂动起来"（Deleuze 2000:101）。这是一个猛烈的触发，是对分离的一种认知，乔治·贝塔耶尔（Georges Bataille）将其描述为"缝隙与人类的感官密切相关，是愉悦的源泉"（Bataille 2012:105）。此时此刻，这样的时刻让我们感到惊讶，过去和未来之间的这种联系使人们想到缺位的身体，这个身体不是完整的，而是一个逃亡者，就像在身体上移动的布一样。

面料的描绘

在本书的第一部分中，通过布料里表现的情欲展示了艺术中的情欲。情欲的面料借鉴了艺术史典籍中的使用纺织品的情况。将情欲看成一种启示性的感觉，在艺术表现形式范围内展示面料，就像欲望一样，面料被看作一种主观状态。伊曼纽尔·康德（Immanuel Kant）带着对愉悦的期待表达了欲望。康德在《判断力挑判》中对愉悦进行了区分：一种是感性的、经验性的；另一种是深思熟虑的，并且与审美判断有关（Kant 1996：20-22）。第一部分的各章通过对面料的描绘来感觉和观察情欲，并通过艺术反应的推进来表达情欲。情欲在历史上各个时期浮现出来，譬如在安吉拉·麦多克（Angela Maddock）那一章中，是来自意大利 16 世纪莫罗尼（Moroni）的画作，在克莱尔·琼斯（Claire Jones）那一章，是来自 19 世纪中叶创作的大理石雕塑，在奈杰尔·赫尔斯通（Nigel Hurlstone）那一章，是来自对电影的描述，而在格洛弗（Glover）那一章，是 20 世纪初创作的摄影图像。面料对情欲进行演绎并且再次呈现，成为一种回应的地方。所有人都是情欲作品的观察者，麦多克（Maddock）和赫尔斯通（Hurlstone）自己的作品来源于此，是欲望的成因和结果。莫罗尼（Moroni）画裁缝时的笔触、大理石雕塑的身体以及电影和摄影中衣着得体的男子的形象，都是使用面料作为借口和道具来"表达和体现情欲"，以诱使、挫败和暗示琼斯所说的"肉与面料之间的空间"。他们描述了情欲的张力，既渴望欲望又觉得欲望是不得体的。康德意义上的欲望将对美的审美享受描述为"无利害的"，而感官体验是愉悦的。这些区别是面料与隐含的肉体之间的实际距离和诗意距离。

这些章节研究了情欲的公开展示和隐秘享受的社会变化。对琼斯来说，对理想雕塑作品的彻底重构，是通过用布覆盖在真正年轻女性身体上来进行的，尽管雕塑是用坚硬的白色石头制成的，也是可以抚摸的情欲。"这些女孩可能沉默（主动或被动）、低着头、四肢柔软，但她们独立、自我意识强，和寓言性的儿童雕塑完全不同。"这些日常的主题，同样是麦多克和赫尔斯通有关章节中情欲内容的实质。裁缝、男孩们以及他们作为艺术家的勇敢自我，都是在"真实世界"中展示的。他们可以被双手触摸、被人渴望、被人唤起，同时也经历着所有随之而来的审查、感觉和伦理方面的影响。实际上，真实意味着很接地气的，琼斯（Jones）认为这与阶级之间的区别有关。因此，工作中的复兴妇女是"有意识的，活跃的个体"，而麦多克所描绘的辛苦劳作的裁缝，享受其中很快乐；在赫尔斯通作品里，身穿制服辛勤工作的男人，能够激发起人的情欲，并且富有阳刚气。

通过艺术之手表现和重现情欲，使这些章节中的"情欲个体"成为研究的问题。他们展示了公开情欲的困难，以及当暴露在公共领域时成为一种展示主义所面临的问题。赫尔斯通认为，将私人情欲内容转换为更加公开的内容是"虚幻且狡猾的"。他指出，我们所谈论的是"在一个性、名人、青年、剥削和歧视集中的时代，情欲是不确定的，这是关于性价值观、行为和道德的基本问题"。当然，情欲一直以来都是一个麻烦的问题，当它被公之于众并且侵入品味和妥协的问题时，更是如此。在琼斯那一章节中，情欲令人不安。大理石青春期女孩的纯净白色、裸露的乳房，通过三维人体比例尺和睡裙变得更加真实。在麦多克第二章《裁缝》的巨型剪子，裁开、裁下和裁出情欲偏差的暴力行为非常有力。赫尔斯通将情欲的痛苦记录为同性恋的渗入："我故意开始穿可以几乎完全覆盖全身的衣服。"他自己承认，这激发了一种新的情欲和恋物感。他使我们想起了艾滋病危机，这是如洛克·哈德森（Rock Hudson）的同性恋行为带来的严重和真实的后果。赫尔斯通表达了对同性恋的偏见以及因此而产生的耻辱感，当时认为是同性恋是离经叛道的，具有传染性和脓毒性。

将情欲描述为真实且不具有偷窥性是其虚幻性质一部分。这是一种暗示、冲击和争辩的感觉。这些章节向我们展示了在面料的帮助下，公开呈现出的私人情欲图片。正如赫尔斯通所说的那样，"通过展览主义的内涵重新构造和解构其美学、内容和环境"。我们已经谈到过情欲面料矛盾状态的一部分，即隐瞒和揭示同时存在。这些章节还讲述了喜悦和焦虑，以及琼斯所指的公共和私人领域的、国内的和政治的混杂，这些场所都对情欲的体面和接受度有争议。就像这些章节所暗示的那样，情欲问题从未得到解决，也未被恰当地发现，因为它承载着过去的道德，即使当呈现出来时，也是"与一个中断的叙述联系在一起，在这个叙述中，过去和未来的事迹总是留给猜测和想象"。通过艺术性的方式将面料表达的情欲重新定型，将情欲自我传达给世界。面料似乎表达并吸收了欲望和愉悦，而不打算解决它所隐含的困难。

面料的制作与重作

第二部分探讨了在设计和制作中面料的情欲本质，还谈到以面料作为象征和恋物底物的解构和时尚。情欲的布料有激发和挑衅功能，既是防御情欲的武器，又是情欲的明确投射。缝线和衣服被用作逃避和解决压迫和束缚问题的手段，也被解释为性期望约束和社会约束的方式。缝合的强大物理作用及其改变形式和重塑的能力，被借用于社会变革的手势和隐喻。露丝·辛格斯顿（Ruth Hingston）缝制的目的是从身体上与他人分离，并创造出抵抗情欲的屏障，而黛布拉·罗伯茨（Debra Roberts）对面料进行了系统重构，展示了历史悠久的面料中曾经存在的情欲残留物。他们的克制，与朋克服装明确的情欲形成对比，这是 20世纪 70 年代激进的性反文化。马尔科姆·加勒特（Malcolm Garrett）谈到了这一点，也谈到了服装和宽容的自由主义传统。

所有这些都表达了性欲引人注目的矛盾性质。罗伯茨（Roberts）的服装历史方法分析了服装的结构，这种结构通过紧绷的紧身胸衣和夸张的裙摆，限制和夸大了富人女性的身材。在具有社会性别的阶层和地位的结合中表现出富有女性魅力的身体，既具有性别化特征又具有生殖魅力。她描述了如何将裙子设计出引诱的意味。这暗示着，无论是否主动选择，都希望女性作为情欲个体发出引诱（信号）。然而，罗伯茨还是被久久停留在面料上的感性所影响。作为一名历史学家，她对这种效果的抵抗力，是由她对质地的身体反应形成的。她探究了面料的内部和另一面，想起了她称之为里贝罗的"充满幻想的想象力"。换句话说，例如当罗莎莉·卡尔弗特（Rosalie Calvert）"张开双臂，打开衣襟，以插入一块新布"时，这种刺激和亲密感。

在澳大利亚一个干旱的黄金开采小镇上，辛格斯顿（Hingston）缓和了性客体化。她反对起支配作用的男性气质，这种气质将女性客体化，并且女性经常与之串通，她描述了欲望如何通过"原始和残酷的紧张关系"剥削并破坏了男人和女人之间的关系和自然存在。为了抵御情欲，辛格斯顿（Hingston）转向缝制面料，以应对这个地方存在的偏见，只是为了在欣喜若狂的状态下发掘了她的女性自我。在这种退缩和她自己的内化过程中，情欲既被排除在外，又在她自己内部被发现，成为寻找身体和情感存在的经验。

马里奥·佩尼奥拉（Mario Perniola）将性描述为产生和形成自我的一种体验。他使用"中立性"一词，认为性与寻求或控制快感或性高潮的欲望无关，而是专注于开放自己的感性主观性（Perniola 2014：44）。"因此，这与爱的物体无关，而是要成为这些物体。"（Marino 2010:179）[8]。罗伯茨和辛格斯顿在他们的章节中都谈到了这种想法，尽管他们自己对此避而不谈，但还是通过面料或面料的制作产生刺激。情欲不是可以预见的感觉，而是在可以引起感觉和真实感受到的感觉的二分法中得到认可。

性道德和拥有性自主权的困难是辛格斯顿和罗伯茨两章中的基本想法。朋克（Punk）以不同的方式面对这些问题，颠覆和讽刺它们。加勒特 (Garrett) 通过"没有未来"来谈论道德上的圈套和无能（用性手枪乐队的话来说）。[9] 这种挫败感是通过一次小革命来体现的，在小革命中，服装采用了抵抗性的图形语言。以潮流方式穿着的绷带服装是关于将独立视为一种自我表达的解放行为，颠覆了社会的尊重。薇薇安·韦斯特伍德（Vivienne Westwood）的衣服超出了他们的经济承受能力时，加勒特（Garrett）和朋友们对服装进行了绘制和定制。他们的自制服装，像辛格斯顿和罗伯茨的服装一样，成为表达个性的实体手段。然而，加勒特（Garrett）解释说，个体主义既要与既定准则分离开，又要在存在差异的情况下保持一致性别以及多种性倾向和身份。他说，"性别的互换性"而不是对性别的剥削或支配，鼓励"将性自由转化为实验性和挑战性的规范"。有趣的是，帕特里夏·马里诺（Patricia Marino）在谈到 Perniola 时说，我们自己正在以新颖和激进的方式成为性个体（2010:182）。加勒特（Garrett）的朋克服装具有变革性，他变成超人，领导一场"对性别、性和浪漫的主流意识形态的攻击"。令人惊讶的是，这些衣服与发生性行为或性感无关，因为"这些衣服同时忽视并利用了情欲"。取而代之的是，情欲面料以单独或集体的方式收回了权力和赋权。这种范式转变是我们当代时尚观的遗产，而情欲恋物是品味、剥削和暴行的晴雨表。通过 Perniola 的类比，这三章全都将面料描述为一种变革性的材料，在这种面料中，情欲是一种审慎的或有力的身份认同。

另一种面料

舞蹈家兼编舞者朱利奥·丹娜（Giulio D'Anna）写道："让我穿梭在你的皮肤上下，一直深入到彼此的骨髓。"这本书的第三部分探讨了面料和面料/皮肤作为情感交流，爱抚和流体的地点——面料作为身体各个不同状态和阶段的见证。这三位作家都围绕着服饰作为皮肤/皮肤作为服饰来发展理念，而把"构成伴侣身体的服饰与自己的服饰混合在一起"情趣化（Perniola 2004:10）。在马丁·克鲁兹·史密斯（Martin Cruz

Smith）所著小说《哈瓦那湾（Havana Bay）》中，虽然古巴气候酷热，俄罗斯英雄阿尔卡迪·伦科（Arkady Renko）仍不肯脱下他已故妻子给他的冬季羊绒大衣，因为"大衣上残留着一丝伊琳娜的香水味，就好像她在偷偷地触摸着他。当他无比思念她时，这一丝气味最终陪伴着他，缓解他的丧妻之痛"。（克鲁兹·史密斯，1999:33）。

　　尽管情欲的感觉通常是对我们本身以外的事物的回应，乔治·巴塔耶勒（Georges Bataille）对情欲的描写回答了"欲望的内在性"（2012:29），这扰乱了我们的思维并动摇了我们对现实的感觉。但是，若每个行为都会伴随着反应的话，那么面料便会成为并暴露我们的越轨举止，并将我们的不慎重记录为情欲状态的一部分。回到《哈瓦那湾》一书，伦科的新情人偷偷穿了这件外套，想要和他变得亲密。面料承载着我们情感的点滴，以及我们身体从生到死的流逝，代表着生命的另一种形式，生与死的方式。

　　凯瑟琳·哈珀（Catherine Harper）在其"尚存或消失的衬衫：成为情欲亲密和男性哀悼的代名词"一章中，带我们审视了问题的核心，即问题本身：面料下的身体。她的面料是记录、爱抚、束缚和破坏生活经历的动力，使我们能够体验到激烈的死亡情欲。身体早已消逝。带有污渍、痕迹和裂痕的卑贱的面料即是消逝的身体。正如朱莉娅·克里斯蒂娃（Julia Kristeva）所写，所描述的卑贱是与"边界、位置、规则、中间、模棱两可、复合无关的。卑贱是一种利用身体进行交换的热情"。（Kristeva 1982:4）。我们触摸着面料，被渗透，感觉到我们渴望触碰的身体。我们拿着那块特殊的面料，上面带有来自生命的液体的痕迹，成为我们向往的焦点，代表着生与死之间的多孔边界。只要面料存在，身体就永远不会从经验世界中彻底消逝。

衣服、皮肤、身体的相互联系对于电影《银翼杀手》（导演：斯科特，1982年），其中的复制人（机器人）被称为"披着人皮的怪物"。对复制者而言，他们的衣服/皮肤让他们得以违反作为人类的社会规范，混入人群之中，但他们不是我们。皮肤"穿在"他们机械的内里之上，这块用来掩盖内里的皮肤同时也出卖了他们："身体在掩盖内里的同时也揭露了内里"（Leder 1990:22）。他们外面穿着的皮肤是一种幻想。复制人被移去了"无休止地……追逐爱与恨的能力"（Perniola 2004:11）。卡洛琳·温特斯吉尔（Caroline Wintersgill）和莎维特丽·巴特莱特（Savithri Bartlett）在他们的"给予复制人力量：《银翼杀手》中的视觉和触觉叙事"一章中，研究了嵌入复制人衣服/皮肤中的触觉叙事。在复制人身上，暴力和情欲平等地存在，通过各种戏装来展现出来，而普利斯这一角色则突出地说明了这一点，她在攻击主角，想要杀害他之前脱下了破烂的衣服。瑞秋（Rachael）起初被视为难以接近的20世纪40年代黑色电影中女性的典型形象，身着系扣、腰部收紧、带有垫肩的服饰。然后她的风格和角色进行了几次转变。眼见并非为实。持续不断的降雨给电影场景内增加了另一层不确定性，增添了模棱两可的情欲。

面料覆于皮肤之上、皮肤覆于面料之上的触感，面料作为皮肤，皮肤作为面料——这些主题在凯瑟琳·多默（Catherine Dormor）的章节"爱抚面料：作为交流地点的经纱和纬纱"中都有体现。它是对相互依存和独立的爱抚，使我们能够探索自己和他人的自我感觉。这是一种"将两个人在身体上束缚起来，并解除束缚，但这身体仍然、永远不会被自己的主人触碰"的感觉（Irigaray 1984 : 155）。多默建议，这种相互合作、平等和完整的行为也存在于一块面料的经纱和纬纱的编织中。线程交织在一起完成动作，触摸和被触摸的人"可能会暂时丧失独立性和个性，并与另一个人的身体融合"（Pallasmaa 2009：29）。面料作为皮肤，皮肤作为面料。面料成为我或是他人消逝的身体——两者的混合。线与线之间，面料和皮肤之间，真皮和表皮之间的空间为作家和艺术家提供了一个情欲过渡的地点。

表演中的面料

本书的第四部分关注折叠和爱抚的趋势，因为面料既可以唤起也可以掩盖它所隐藏的内容。运动中的面料是神秘的、环保的、可追踪的，并且总是让人回味无穷。衣服和身体"成为彼此折叠和展开的物料卷"。（Perniola 2004:1），就像佩德罗·阿尔莫多瓦（PedroAlmodóvar）2016 年电影《朱丽叶》（Julieta）的开场一样，在这个特写镜头中，一条红色的丝线延伸至唇褶。慢慢地，观影者开始意识到柔和的呼吸运动，将目光投到织物褶皱的深层内部。颤抖的面料及其跳动的中心描述了身体的感觉，并预示了电影的叙事。镜头向后退，露出丝绸，这是主角朱丽叶（Julieta）坐在办公桌前时穿着的和服式礼服。面料成为媒介、"中间状态"的神秘情欲和"成为"的品质（Bruno 2014:5）。同样地，当面料被迅速或缓慢地拉开时，就会暴露出我们认为已经通过悬垂和折叠所描述出的东西。我们观察到一种可能是空白的形式——我们的想象力和面料之间的复杂关系所占据的空间。

在她的章节中，乔治娜·威廉姆斯（Georgina Williams）采用荷加斯的《蛇形曲线》（他的《美的线条》）的理论，沿着曲线完成洛伊·富勒（LoïeFuller）的蛇形舞蹈。[10] "蛇形曲线" 这一短语引发了人们的想象力，在不停地移动、弯曲、起伏和弯腰，远离中轴，带我们回到夏娃、亚当和蛇的场景：对某种事物的诱惑和认识，但无法准确进行描述。我们的目光顺着这条线，从蜿蜒的曲折中得到乐趣，实际上并不需要达到最终目标。洛伊·富勒（LoïeFuller）的舞蹈中，我们发现面料和身体的运动融为一体，面料在身体上延伸，随着空气在周围盘旋而在空气中形成流动的弧形，预示了未来主义者对空间连续性的构想。舞者呈现在我们面前的是一幅通过 1897 年制作的电影所创造的图像形成的光影，身体和衣服形成了绵延的蜿蜒曲线。借助在新发现的电灯照射下的面料的反射特性，布面料可以在她的身体周围折叠并展开。在空间中追踪她的线条，她穿过另一块面料，即电影院屏幕的膜，荷兰人称之为 "亚麻之窗" 的屏幕。[11] 拍摄面料在空间中的运动，形成不断变化的形状，然后投射到亚麻窗上，这又是对面料的另一种理解，即面料具有活力、力量和情欲。莉兹·里德尔（Liz Rideal）认为，"电影可以比其他媒体更好地表达情欲内容，因为运动的图像可以轻松显示并暗示接触和性的身体节奏。" 在 "电影中的情欲面料的回声" 中，她邀请我们考虑我们（不受禁止的）通过面料和衣服观看电影中的（受禁止的）亲密叙事所带来的乐趣。面料和衣服提供了一种我们可以识别并能够用来访问隐藏的渴望和情欲联系的语言。它们的无常适合作为情欲纠葛的升华和隐喻的媒介，形成拥抱的暗示。影片的中介面一直存在 "安全"，将我们分隔开来——这并不是我们，我们可能读到了暗示的内容，但我们不是发起暗示的人。在包围我们的那片黑暗的亲密空间中，我们成为并肩同行，在电影和电影的面料内旅行，被这两个代理带到了我们无法超越的地方。

舞者将自己的身体置于真实的和想象的交叉之处。舞者的存在是短暂的，一直预示着他们跳舞时身体的逐渐消失。一直以来，舞者的存在是"对所期望的但不是真实的事物的展示"。她的身体充满了无数眼睛的渴望（Foster 2005）。舞者尽自己的力量发挥我们的想象力；我们阅读他们的动作，期待叙述，但总是落后一步。 在"脱衣"一章中，日本 / 意大利舞者和编舞家松下雅子描述了这种状态："我欣喜若狂地放弃了我的身体与物体的融合和交融。"她的服装尽可能地贴近她的身体，是真正的第二个皮肤，随着每一寸肌肉的移动，紧紧抓住她，成为她的皮肤。这是"容纳情绪动作"的手段（Bruno 2014：18），一旦表演完成，皮肤就会脱落。掉落的面料 / 皮肤躺在地上成为不存在 / 存在的身体。

结论

《面料的隐喻性》取材非常多元，来自艺术、设计、电影和表演领域，主要是为了展示一系列感性材料，这些感性材料推动了围绕人与面料接触的讨论。这些是当代纺织品实践、流行文化和研究的核心观点及主要讨论。我们已经目睹了碧昂丝通过媒体宣布她怀孕时的照片，照片中面料有力、色彩鲜艳并且在表达情欲母亲方面发挥了有益的作用，突出了她孕期的性感。沃森·夏尔（Warsan Shire）为这些照片写了一首诗，"母亲是一个茧，细胞在茧里闪动，四肢在茧里形成，母亲的肚子不断变大并伸展以保护自己的孩子，母亲一只脚在这个世界，另一只脚已经踏入了鬼门关，母亲是黑皮肤的维纳斯"（夏尔，2017 年）。

以下各章通过上面概述的主题探讨了面料在情欲方面的不同状态，包括面料的历史、性别、社会、静态和动态形式。用到了各种各样的描述和方法论，包括明确的公开到微妙的暗示，所有这些都在面料中有所体现。在回应面料的物质性和姿态时，我们可能会欣赏情欲欲望和冲动，而这些欲望和冲动反过来又可以反映出我们的文化历史。情欲在于模棱两可，说不出理由的期待。它是多样且可变的，很像面料的多重特征。布也是双面的：一面可能是光滑的，另一面是摩擦的，情欲有时是猛烈的，有时能够揭示深层次的内涵。但是，一旦这种感觉被确认和命名，它就会发生变化，从情欲中移出并变成欲望，需要控制和消耗。

在展示和感性理解面料时，我们发现了情欲潜力和多重性倾向的紧张关系。我们无法对情欲作出任何假设，或者说快乐或欲望的本质是绷紧和流动的感觉。女权主义、后女权主义和酷儿理论又被提及但未明确涉及。这些著作（Foucault 1976；Butler 1990，1993）提到了对性去范畴化，承认了性个人主义的流动渠道。本书中的作品集虽然提及了日本人的一些感觉，但在很大程度上是从西方的角度出发，有一定的文化霸权，本书提供了一个起点，可以借此通过不同的文化和种族观点进一步探索情欲。可以通过另类的性行为和关系表达提出对情欲的其他解释。在这些领域，面料是一个重要的行动者，得到重新定位。面料作为一种材料具有描述性，在其表面又可以是感性的，动起来的话具有表演性，因此面料是一个可以表现情欲的积极参与者。面料作为一种膜状物，使我们能够表现出自己的情欲自我。它也可以暗示那些我们无法或不愿命名的东西，从而在我们与禁忌接触时掩盖我们对情欲的渴望。

注释：

1. 对格雷夫斯而言，闪光才是"神秘的。它保留了我们第一面镜子的最初的、自恋的魔力，在这面镜子中，我们在母亲慈爱的目光中看到了自己"(2009:80)。

2. 古典音乐图书馆在线调谐本 (共享版本)。可在线分享该版本。

3. 藏于伦敦国家美术馆。

4. 藏于华盛顿国家美术馆。

5. 藏于巴黎卢浮宫。

6. 弗洛伊德自己认为，他所确定的窥阴癖和裸露癖 (看和被看) 的独特"驱动力"实际上在早期是每个性别的一部分，直到后来才被明确地性别化 (Entwhistle 2000: 185)。

7. Claire Pajaczowska 将其与弗洛伊德关于依恋和身体自我的精神分析著作联系起来 (弗洛伊德 1923/1964)。

8.《马里奥·佩尼奥拉评论》(2010)，179-182 页。

9. "没有未来"(No Future) 是朋克摇滚乐队"性手枪"(Sex Pistols) 1977 年演唱的歌曲《上帝保佑女王》(God Save the Queen) 中的歌词。这首歌被收入在专辑《别在意废话》《性手枪来了》中。

10. 一些人质疑舞者的身份，认为这是 Papinta，火焰舞者。

11. 正如在 17 年 11 月 30 日与电影制作人 Lutz Becker 的谈话中所讨论的。

参考文献

Adamson, G. (2016), "Soft Power," in Jenelle Porter (ed.), *Fiber: Sculpture 1960–Present*, 142–152, New York: Prestel.

Barthes, R. (1975), *The Pleasure of Text*, trans. R. Miller, New York: HarperCollins.

Bataille, G. (2012), *Eroticism*, London: Penguin Classics.

Blade Runner (1982) [Film] Dir. Ridley Scott, California: Warner Bros.

Bruno, G. (2014), *Surface. Matters of Aesthetics, Materiality, and Media*, Chicago: University of Chicago Press.

Butler, J. (1990), *Gender Trouble: Feminism and the Subversion of Identity*, London: Routledge.

Butler, J. (1993), *Bodies that Matter: On the Discursive Limits of "Sex,"* London: Routledge.

Cruz Smith, M. (1999), *Havana Bay*, Oxford: Macmillan Pan Books.

Dant, T. (1996), "Fetishism and the Social Value of Objects,"

Sociological Review, 44 (3): 495–516.

Deleuze, G. (1964), *Proust and Signs, trans*. R. Howard, New York: Braziller.

Dunbar, R. (1996), *Grooming, Gossip and the Development of Language*, London: Faber and Faber.

Entwhistle, J. (2000), *The Fashioned Body Fashion, Dress and Modern Social Theory*, Cambridge, Oxford: Polity Press.

Foster, S. (2005), *Corporealities: Dancing Knowledge, Culture and Power*, Taylor & Francis e-Library.

Foucault, M. (1976), *The History of Sexuality Volume One: The Will to Knowledge*, London: Penguin.

Freud, S. (1923/1964), *The Ego and the Id*, London: Hogarth Press. Freud, S. (1991b [1927]), "Fetishism" in A. Richards (ed.), *On*

Sexuality: Three Essays on the Theory of Sexuality and Other

Works, 88–120, Harmondsworth: Penguin Books.

Goncourt, E. and J. (1948 edition), *French XVIII Century Painters*, London: Phaidon.

Graves, J. (2009), *The Secret Lives of Objects*, Bloomington, IN: Trafford Publishing.

Hamlyn, A. (2012), "Freud Fetish and Fabric," in J. Hemmings (ed.), *The Textile Reader*, 14–27, London: Berg.

Hollander, A. (2002), *Fabric of Vision, Dress and Drapery in Painting*,

London: Bloomsbury.

In the Mood for Love (2000) [Film] Dir. Wong Kar-Wai, prod. Wong Kar-wai, Block 2 Pictures, Jet Tone Production, Paris: Paradis Films.

Irigaray, L. (1991), *The Irigaray Reader*, ed. M. Whitford, trans. D. Macey, Oxford: Blackwell.

Jefferies, J. (2015), "Editorial Introduction: Part Two: Textile, Narrative, Identity, Archives," in J. Jefferies, D. Wood Conroy, and H. Clark (eds.) *The Handbook of Textile Culture*, 97–105, London: Bloomsbury Academic.

Jefferies, J., Wood Conroy, D., and Clark, H. (eds.) (2015), *The Handbook of Textile Culture*, London: Bloomsbury Academic.

Julieta (2016) [Film] Dir. Pedro Amodóvar, Los Angeles: Echo Lake Entertainment.

Kahlenberg, M. H. (1998), *The Extraordinary in the Ordinary*, New York: Harry N. Abrams Inc.

Kant, I. (1996), "Critique of Practical Reason," *in Practical Philosophy*, trans. M. Gregor, 20–22, Cambridge: Cambridge University Press.

Kettle, A. (2015), *Creating a Space of Enchantment: Thread as a Narrator of the Feminine*, PhD Manchester Metropolitan University.

Kristeva, J. (1982), *Powers of Horror: An Essay on Abjection*, trans. L. Roudiez, New York: Columbia University Press.

Leder, D. (1990), *The Absent Body*, Chicago: University of Chicago Press.

Marino, P. (2010), "Review of Mario Perniola, 'The Sex Appeal of the Inorganic' (Massimo Verdicchio, Translator)," *Journal of the History of Sexuality*, 19: 179–82, January 2010. Available at SSRN: https://ssrn.com/abstract=1969499 (accessed January 15, 2017)

Millar, L. (2011), *Lost in Lace*, Birmingham: Birmingham Museum and Art Gallery.

Millar, L. (2016), *Here & Now: Contemporary Tapestry*, Sleaford:

National Centre for Craft and Design.

Oicherman, K. (2015), "Binding Autobiographies: A Jewishing Cloth" in J. Jefferies, D. Wood Conroy, and H. Clark (eds.) *The Handbook of Textile Culture*, 104–21, London: Bloomsbury Academic.

Padura, L. (1997/2005), *Havana Red*, trans. P. Bush, London: Bitter Lemon Press.

Pajaczowska, C. (2015), "Making Known: The Textiles Toolbox— Psychoanalysis of Seven Types of Textile Thinking," in

J. Jefferies, D. Wood Conroy, and H. Clark (eds.) *The Handbook of Textile Culture*, 79–97, London: Bloomsbury Academic.

Pallasmaa, J. (2009), *The Thinking Hand*, Chichester: John Wiley.

Perniola, M. (2004), *The Sex Appeal of the Inorganic: Philosophies of Desire in the Modern World,* London: Continuum.

Phillips, A. (2013). *Clothing Eros: the Erotic Potentials of Dress*. Conversation with Judith Clark and Frances Corner. Available online: https://podcasts.ox.ac.uk/clothing-eros-erotic-potentials-dress (accessed January 13, 2016).

Schalow, F. (2009), "Fantasies and Fetishes: The Erotic Imagination and the Problem of Embodiment, " *Journal of the British Society for Phenomenology*, 40 (1): 66–82, DOI:10.1080 /00071773.2009.11006666.

Shire, W. (2017), Available online: https://qz.com/901348/ who-shot-beyonces-maternity-photos-awol-erizku-an-ethiopian-born-new-york-and-los-angeles-based-artist/ (accessed February 10, 2017).

Steele, V. (1985), *Fashion and Eroticism: Ideals of Feminine Beauty from the Victorian Age to the Jazz Age*, Oxford: Oxford University Press.

Tanning, D. (2001), *Between Lives*. Available online: http://www. tate. org.uk/art/artworks/tanning-nue-couchee-t07989/text-catalogue-entry (accessed May 21, 2015).

What is Cloth to Me? (2005) [Video] Dir. L. Becker, London: University for the Creative Arts.

Winnicott, D. (1971[1989]), *Playing and Reality*, London: Routledge.

延伸阅读

Calefato P. (2004), *The Clothed Body*, Oxford: Berg.

Entwhistle, J. (2001), "The Dressed Body" in Joanne Entwistle and Elizabeth Wilson (eds.), *Body Dressing (Dress, Body, Culture)*, 33–58, London: Berg.

Skelly, J. (2017), *Radical Decadence: Excess in Contemporary Feminist Textiles and Craft*. New York. Bloomsbury Academic.

Part I 第一部分

面料的描绘

在历史上，面料的情欲用途一直是具象艺术的潜在主题，面料的物质属性常被用来强调或暗示性感。作为裸体遮盖物的面料常与艺术中的情欲内容相联系，暗示诱惑的身体，刺激感官反应。人们要么出于得体的目的用面料为自己罩上一层布纱，要么反过来作为短暂或显性的存在引发情欲。面料可以用于分散注意力、用作某种伪装，或是为某种礼节服务，为探寻文化和社会的关联提供一些启发。面料还是一种讨喜的织物，能使观众从绘画和雕塑中感知到情欲。在艺术领域，与面料呈现有关的历史传统惯例，通过象征和隐喻的力量暗示了情欲。以下这些章节通过深入探讨个人和主观的情欲、材质美学和对美的感知，探讨了艺术家在描绘面料时的诠释手法。他们通过面料呈现了自我展示、表现癖、渴望和欲望的拜物本质。通过绘画、石雕和电影，人们意识到面料可以传递情欲内容。下文中两个章节通过回顾历史上面料的情欲内容展示了情欲那种难以捉摸的感觉，这些作品将情欲内容重新加工成面料，而面料本身也成了情欲主题和挑逗的载体。这些章节展示了艺术中的情欲内容，分析了褶皱面料这一艺术实践，因而艺术中的情欲内容通过身体上残留的面料得以体现。

对情欲的思考:

思考并想象可能发生的事情是人生最大的乐趣。情欲围绕着预期展开,是欲望的孪生姐妹。有时我将情欲穿在我的皮肤上,但更多时候情欲来自我的内心。情欲是感性的,它提醒我,除了我个人以外,我还和"他人"联系在一起。每个人都可以通过自己的方式对情欲进行改造,因而情欲是千人千面的,但有时候,幻想的能力是我们共有的。

安吉拉·麦多克(Angela Maddock)

1

第一章

吉奥瓦尼·巴提斯塔·莫罗尼《裁缝（Il Tagliapanni)》中的褶皱、剪刀和乳沟

安吉拉·麦多克

梦境：我爬上楼梯，又匆匆走下走廊，到处找你。我到处找你，终于找到了你，你站在那儿，歪着头。我盯着你看，而你也看到了我，你那双深棕色的眼睛是如此可爱。你左手的拇指和食指轻轻握着一块黑布的边缘。这块面料平铺在桌上，上面已经按照人体的轮廓做好了标记，而这块面料也许永远不会有人穿在身上。可是你的穿着如此美丽得体：喉咙和手腕处缀有花边，臀部带有褶皱。我想象你拿的那块面料可能是给我的，为我量身准备的。还有那把剪刀，裁缝专用的剪刀，以及预期的小费。

麦多克，2015 年

正如罗兰·巴特（Roland Barthes）所说，"我患有一种'他人'疼痛症"
（Barthes 2002 : 57）。多年来，我一直在进行同样的朝圣之旅：爬上楼
梯，走过走廊，最终找到了他。有时他不在，出于保护的目的被转移到
了别的地方，或者在其他地方进行展览。但大多数时候他是可靠的，他
就在那儿，提醒着我，不只有女人会等着见他。和往常很多次一样，我
又站在了他面前。朝圣是一项臆想的、非理性的、持续时间很长的活动，
欲望也是如此。要我说，渴望就像是我本可以上手，最后却只说出了口，
或是话到高潮才动手的活动（Barthes 2002 : 73）。

这就是吉奥瓦尼·巴提斯塔·莫罗尼的《裁缝》。对我来说，这幅画
是伦敦国家美术馆意大利北部肖像画室的瑰宝。公元 1570 年左右，莫
罗尼创作完成了这幅油画。300 年后，查尔斯·伊斯特莱克爵士（Sir

Charles Eastlake）从意大利贝拉吉奥的费德里科·弗里佐尼·德萨利斯（Federico Frizzoni de Salis）处购得此画作，并收藏于美术馆中。当时售价仅为 320 英镑（Penny 2004：238）。即便如此，当时明眼人都能看出它的潜在价值。作家兼艺术评论家伊丽莎白·伊斯特莱克夫人（Lady Elizabeth Eastlake）曾预言："这将成为一幅广受大众喜爱的画作"（Penny 2004：238）。这幅画，啊不，确切地说是画中的裁缝对我有特别的吸引力。我就像奥德修斯一样，变得对他无比眷恋，即便离开也一心想着归途。我想，我的经历和我的感觉一定影响并促成了这种态度。我是一个裁缝的女儿，从小我的身边随处可见各种面料和制衣的工具，如样纸、剪刀、卷尺、扎在椅子扶手上的图钉和散落在地的别针等。小时候我总是酝酿着做一些什么，想模仿大人做一些事。每当遇到危险时，母亲那慈爱的拥抱总是会及时出现，即便胸前佩戴的针头或别针刺进了她的胸口，刺进了她女性的象征。我总能在真正触摸前，或是产生触摸、抚摸或爱抚的想法前知晓面料的触感。正如贝尔·胡克斯（Bell Hooks）所言，"我一直是一个喜欢面料纤维、喜欢纺织品的女孩，我喜欢用面料扫过我的皮肤"（转述 Robinson 2001：635）。

所以，我和这位裁缝有一个共同点，一个共同的认知。我知道他手中剪刀的重量和密度、操作时发出的噪声、手指和拇指间配合的感觉，以及裁缝对切开面料边缘，留下痕迹的期待。用面料进行制作是我们的习惯，也是我们的隐性知识。但在这里，除了创作者的共鸣以外，还有一些东西超越了职业，超越了我们共同的联系。

我这一朝圣的习惯将我带到了他面前，我凝视着他，想象他也正凝视着我。按照规定，我们之间隔着一段距离。当我看不见他的真身时，我开始在工作室的墙上，或者桌上的插钉板上寻找他。我寻找着他给我的提醒，而不是寻找某种纪念品，反复经历的事件无须留纪念品（Stewart 1993：135）。他没有迷路，我也随时可以找回来。一位哨兵、一座灯塔或是一处固定物都是我的北极星。

苏珊·桑塔格（Susan Sontag）曾写道"真正的艺术能让我们感到紧张"（2009：8）。我也时常感到紧张，担心当我开始朝圣之旅时他却不在终点等我，担心我的凝视变质成了一种渴望，担心在这儿逗留太久，光顾太频繁会暴露我的想法，我是不是被发现了？我想象着在这些墙壁背后有一座专供常客光顾的美术馆，而我也是其中一员。我很紧张，因为这幅画对我的影响比其他任何画都大，它让我始终处在一定压力下。[1] 我与它的关系，我对它的欲望非逻辑所能解释。我会一直站在它边上，永远与它保持一段距离，长久地陷入一种渴望的状态。

我曾对自己说过"我爱那幅画"，但对物品的喜爱很难自信地说出口，因为对无生命事物的爱常被人认为是肤浅的，缺乏深度，情感仅停留在事物表面。当然，这是事实。我确实只关注表面，一幅画的表面。但每当这幅画出现在我的脑海里时，许多与爱相关的事物便出现在我面前，停留在我的脑海中，久久不愿散去。这种感觉我很珍惜。《裁缝》这幅画给了我快乐，它对我的影响是独一无二的。我在它周围徘徊，注意观察它的每个细节。当我最终转身离开时，我总是会转头最后再看上一眼。每次观察完我都感觉成为更好的自己，心情愉悦了起来，微笑也爬上了嘴角。我对这幅画的反应不只体现在皮肤上，皮肤也许是最常被人想起的情欲媒介。我的反应还来自我的内心，更像是灵魂层面的反应。我敢肯定，如果他永远地离开了我，我一定会进行哀悼。难道哀悼不是失去我们挚爱的东西时的一种表示吗？

我还担心，如果我陷得太深，其他事情会被落下，例如耽误我的裁缝生意，最终沦落到疲于向他人解释都无济于事，本该隐藏起来却公之于众的地步。而这也是桑塔格所痛斥的。但这就是我的任务。像裁缝的剪刀，像情欲一样，我注定站在某物的边缘。

所以现在，既然我们都使用面料进行创作，让我开始试着解开这个谜团。你是谁？在 16 世纪的伦巴第地区有超过 830 名裁缝。其中一些人名声在外，但画中的这名裁缝不在此列（Campbell 等，2008：127）。我们对吉奥瓦尼·巴提斯塔·莫罗尼（公元 1521—1580 年）倒是略知一二。他是一位建筑师的儿子，也是亚历山德罗·博维奇诺（Alessandro Bonvicino，"莫雷托"，Moretto）的学生。他一生都在伦巴第地区活动，足迹遍布贝尔加莫、布雷西亚、特伦托和他出生及去世的小城阿尔比诺。可以看出，他不怎么喜欢旅行。

起初，莫罗尼的画作主要以宗教为题材。后来他开始担任意大利北部贵族的御用画师，这为他赢得了名声。更难能可贵的是，他还是一位工匠。他为许多达官贵族都画过肖像画。与之对比，这位不知名的裁缝却成了创作对象，此事非比寻常。只有另一幅莫罗尼的画作，即雕塑家亚历山德罗·维托里亚（Alessandro Vittoria）的肖像画与《裁缝》这幅画具有相似之处，两幅画作都体现了各自行业的特点。前者中，亚历山德罗卷起了袖子，露出了左臂的肌肉线条，将一座小雕塑举到与观众视线平行的位置，就像一位母亲抱着一名婴儿般温柔且笃定。这一不同寻常的对象选择无疑让查尔斯·伊斯特莱克大吃一惊，因为他根本不相信莫罗尼竟然会为一位手工艺人画肖像画，他宁愿让这个留着胡子的年轻人穿扮成裁缝（Penny 2004:236）。

没有人能完全限制住莫罗尼，这意味着他可以随时从各种束缚中脱困，这也为实现梦想创造了更有利的条件。正如前文所述，这种未知加剧了人们对这幅画创作过程的猜测。委托创作一幅肖像画价格不菲，这说明画中的裁缝可能十分成功且富有。此外，人们还对莫罗尼和这位创作对象的关系展开了推测，怀疑这位裁缝和画家可能是朋友，甚至是情人关系。另外一种可能性是，莫罗尼答应为裁缝画一幅肖像画以换得裁缝亲手制作的服装，这一猜想体现了当时艺术家和工匠的平等地位。其中一些信息丢失了，我们可能永远也找不到真相了。

当罗兰·巴特写道："全身最性感的部位，恐怕就是衣服的开口处"（1980: 9）我们都知道他是什么意思，因为我们亲眼所见：当他将手臂举过头顶，深色的卷毛从我们的眼前闪过，撑开的纽扣开启着无限的想象力。巴特进而说道，"这种间歇让人情欲满满，刚要出现又旋即消失"（1980: 9）。正是在这些非常短暂的时刻我们才能正确理解服装和感观自我间的关系。

在画作前踱步许久，我开始明白，除了各种边缘我一无所有。我的手指在面料和皮肤之间追寻边缘，追寻你的手与衬衫袖口间的接触点（我第一次写的是"肉"，这种说法无意间体现出了肉感）。身体与面料接触的地方称为边界地带。而我们也知道，边界总是焦虑加剧的地方。胡须边缘、右耳耳垂和衬衫领口勾勒出一小块三角形的皮肤。用食指的肉垫划过这块区域，就像用手指拂过天鹅绒的鹅毛，小小一块区域却给人极大的舒适感。我喜欢你衣服上的褶皱。我追寻你夹克的折痕、手腕和颈部的褶边，抚摸马裤褶皱的边缘，以及那些特殊的褶皱。正如吉尔·德勒兹（Gilles Deleuze）所述，褶皱才是最重要的（1993：137）。

雅克·拉康（Jacques Lacan）也对边缘很感兴趣。他发现，身体的边缘是最性感的。他将"嘴唇、齿釉、眼睑形成的裂口等描述成边缘的切线或身体的边界、边缘上的散点、内外侧的汇合点等"（Lacan 2007：692–693）。我意识到，在想象中追寻这些边缘，我的指尖在褶皱下探寻，这样做使我能在表面之下自由活动，抚摸着衣服的同时仿佛也在抚摸身体，此时衣服的边缘和褶皱就如同身体的边界、凹陷或开口一般。这种快乐似乎没有终了的一天，让我"脱身乏术"。这种快乐显然超越了界限。我无时无刻不想起你。当我把你变成某种马里奥·佩尼奥拉（Mario Perniola）所说的"知觉身体"的特殊版本时，你的衣服就变成了你。当我处在"万物皆由表面、皮肤和织物构成"（Perniola 2004：11）的世界里时，我能尽情享受你那"肉感的衣物"（Perniola 2004：12）。在这种情况下，我深深陷进了面料里，甚至与它融为一体。沉醉于此我可能一事无成，可能丧失我所有的理智。这种无为和堕落倒却与道德存在某些联系。当我的外表遭受了破坏，就如同我所有的衣裳、所有的外层包裹都被剥去了，我完全赤身裸体，极为不雅。

在这种明显对物品有特殊爱好的遐想中，我想知道这幅衣服看似平平无奇的画怎么会有如此大的价值，怎么会有如此大的吸引力，吸引人们前来驻足观赏。当我在从赫尔辛基返程的飞机上时，裁缝他透过笔记本电脑屏幕望着我。一个可笑的幻想在我脑海里盘旋。莫罗尼的作品曾被描述成"脱离时间的艺术"（McTighe 2015：85）。在这一瞬间，在这万米高空，我第一次看到了他周围环境的空虚：在他身后是许多当代空间常用的灰色调。裁缝脱离了时间和空间的概念。在这一瞬，我们都是旅行者。

加布里埃尔·约西波维奇（Gabriel Josipovici）认为，朝圣者的努力在到达圣殿的那一刻终将得到回报，无论是自我认同还是文化层面的认可。一些身体接触也证实了"它存在于你的内心，而你也存在于它的内心"（Josipovici 1996：59）这种说法。在约西波维奇的旅途中，泰罗斯人将手伸进太平洋的水中（Josipovici 1996：58）。2008 年以前，参与圣地亚哥朝圣之路的信徒将头撞到雕塑家马提欧·马斯特罗（Maestro Mateo）等比例的雕像头上，标志朝圣之旅结束。但现在，这一做法出于保护雕像的目的被禁止了（Bailey 2009：28）。和他们一样，我也觉得约西波维奇所描述的身体"双重性"或回报并不是很重要。相反，我必须间隔一段规定的距离对画作进行观看，因为我知道触摸画作在一些人看来是甄别的必要工具，但这种行为却是明令禁止的。[2]

在《情人的话语》中，罗兰·巴特（Roland Barthes）告诉我们，欲望是有赖于"一点禁止"而存在的（2002: 137）。我意识到一个真相，即出于两方面原因我无法靠近你：因为你真人压根不在那儿，我无法碰触到你，他们也不会允许我触摸你。我的快乐建立在对真相不断否认的基础上。奇怪的是，你我之间的距离让我幻想你是"真实存在的"（不论你的真假与否于我而言意味着什么）。我骗我自己，并满心期待。如果触摸之后我就能明白真相（触摸是求实的标志），那我宁愿选择不去了解真相，甚至撒谎欺骗自己。如果我不去触摸其他人、其他物品，那么我是否只能抚摸自己？我失去了另一种乐趣。

我很难想象朝圣到底是怎么一回事。如果朝圣确如他人所述，排除海市蜃楼的可能，一种科学难以解释的光环真实存在，并在朝圣者体内循环，那这种无形的东西也太特别了。在瓦尔特·本雅明（Walter Benjamin）的作品中，他将光环与距离联系在一起，关于这一点我始终不能理解。此外，他还认为光环与固定性有关，固定性是原始物体"在时间和空间中的存在"（1982：218）。裁缝你现在在哪儿？在美术馆的墙上。本雅明认为，距离和固定性是理解真实性的两个先决条件（1982：220）。具体到我的裁缝，尼古拉斯·彭妮（Nicholas Penny）在对这幅画进行讨论时确认了这名裁缝真实存在。彭妮提到，在 19 世纪末，官方允许裁缝穿着职业服装作为肖像画对象，无须刻意打扮成绅士模样（2004:238）。根据这种解读，裁缝当时处于自然状态，没有刻意隐瞒什么。

本雅明思想的另一个核心是互惠。在这里，我们可能会看到给予者收获了回报、跨越距离所收获的喜悦，或者看到光环时的惊喜，这些都是另一种"触摸"。段义孚证实，"大多数触觉是通过眼睛间接地获取的"（克拉森援引自段义孚，2005：76）。通过对触觉开展探索研究，朱莉娅娜·布鲁诺（Giuliana Bruno）也认同触觉的表征感这一概念，她写道："我们触摸衣服，衣物同时也在触摸着我们，两者都会产生情绪。即使明明知道我们不能处理好情绪，我们也会尽力去'处理'。触摸从来不是单向的"（2014：19）。

因此，我的朝圣之旅也是一段无止境的来来回回的过程，类似弗洛伊德的"去 / 来游戏"，而我在游戏里是被人抓着的线轴。我好像与这幅画捆绑在一起，陷入"远行、返回、循环，又远行"的循环。我可能永远也不能真正触摸到画中的裁缝，触摸画一定会受到惩罚，但我很肯定裁缝一定触摸过我。他没有触摸我的肉体，而是触动了我的心。

我自己作品的主题也与距离、亲近和亲密关系有关，主要通过编制纱线来体现。作品的背景是过渡时期的中间世界。在作品里，我为自己搭建了一处柔软的地方，平时主要是母亲和女儿们居住于此，如D.W. 温尼科特（D.W.Winnicott）般仁慈的父亲偶尔也会光顾。[3] 在这个中间世界里，我制作了一把没法用的剪刀，故意使人们没法进行裁剪。我用纱线把剪刀缠起来，把刀片焊在一起。还用破旧的亚麻床单制作成柔软的巨型怪兽，面料成了许多其他欲体的见证者。

我的这一"中间世界"还木完全成形，还处在一种无序的状态：创作看不到终点，没有边界也没有封边。这就是巴特所描述的地方，他曾写道"回到母亲身边，在那里一切事物都被按下了暂停键：时间、法律、禁忌都停止了。资源充沛，人们失去了所有欲望，因为不论愿望是什么都将得到满足"（2002: 104）。

我记得女儿小时候，有一次我正给她喂奶，她的父亲走进房间和我说话。她一边咬紧我的乳头一边转过头，不想断奶又想得到她父亲的关注，想两全其美。我创作的过渡空间也是逐渐觉醒、发现自我的，探索我们与更广阔世界关系的地方。现在，我也身处那个过渡空间，我也把头转了过去。在研究过程中，我们必须试着搞清楚事物对我们、对作品的意义。我回头看着你，意识到我已经把这些尖锐的东西带进了那个柔软但尚未成形的母体空间，在那里家长不让孩子"玩剪刀"。

考古学家兼人类学家玛丽·博德雷（Mary Beaudry）对小剪刀（scissors）和大剪刀（shears）进行了区分，并提供了一种有趣的分类法，用于区分刀刃、刀柄和刀身。男装裁缝和女装裁缝用的剪刀一般刀刃较大，而刀柄和刀身的尺寸略有不同，这样剪刀能与面料更紧密地接触。

这种剪刀刀刃的长度甚至能达到 40 厘米（Beaudry 2007 : 126）。此时，裁缝就像握着一把羊毛剪一样。作为女装裁缝的女儿，我赞成博德雷的说法，根据用剪刀的习惯，这种剪刀只能用来裁剪面料。我们家男装裁缝的剪刀很长，长度和他的小臂相当。他握着他的剪刀，母亲握着她的剪刀，我握着我自己的。这些剪刀是我们"吃饭的家伙"。所以我再次看向你。我注意到了一个细节，剪刀尖指向了划粉线，一副蓄势待发的样子。裁缝们都在幻想着穿上成衣后我们会变成什么样的人，有的衣服会恰如其分地让我们做自己，抑或成为梦想中的自己。只要你想，衣服都可以帮你实现以上愿望。婚纱一般象征着新人的希望或幻想、亲友对新人的祝福，而母亲在工作时会剪碎他人的婚纱梦，将婚纱碎片留作将来使用。

为了有效地发挥作用，完成剪裁面料的工作，剪刀需要绕着一个中心销旋转一定角度，使刀刃闭合，这样才能将物体切开。此外，刀刃需要保持一定的锋利度。这让我想到了"劈（cleave）"一词，这是弗洛伊德常提到的一组反义词之一，这些反义词同时表示"一个事物及其对立面"（Freud 1910 : 156）。弗洛伊德认为，"劈（cleave）"的反义词是"粘（kleben）"。在英语中，"cleave"的意思是劈开、切开，相关的用法包括乳沟和屠夫挥舞的劈刀等。"cleave"在德语中的反义词为"kleben"，意为粘上。剪刀也一样，必须合在一起才能进行裁剪工作。剪刀的刀刃也应该稍微向内弯曲，这样才能使刀刃在经过面料时准确地沿着划线进行剪切。"而当闭合或不使用时，应保证两片刀刃只有尖端相接触"（Beaudry 2007 : 122）。如果剪刀的刀刃不能完全咬合，两片刀刃之间总会或多或少留有一些东西。人与人之间也必须留有一定缝隙和距离，因为没有人能忍受永远地与他人融合在一起。

劈这个步骤没法将两个物体粘合在一起，而且是一个短暂的瞬间：这个步骤包括接触和分离，从而产生一道永久性的切痕，就像是面料，或者其他任何经剪刀剪切的物体，即使经过巧夺天工的修补，还是能看出痕迹。用剪刀剪切，剪刀破坏了物体的完整性。

我和德克莱兰堡（de Clérambault）笔下的巴黎人，或他本人一样，都无法抵御丝绸的诱惑。[4] 在《垂坠服饰：视觉文化中的古典主义与野蛮主义》中，让·多伊告诉我们，丝绸给人带来愉悦的能力大多是通过飘动实现的（2002：111）。当丝绸动起来以后，它折射出光线，使我们大饱眼福。一匹丝绸被扔在桌上，许下很多的承诺，却没有一件事做到，仍旧接着许诺。在马里奥·佩尼奥拉看来，没有什么事是真正失败了，也没有什么事真正终结，还有无限可能。

儿童游戏：一块丝绸窗帘，窗帘的颜色本该是安格尔（Ingre）《大宫女》的蓝色，还是更接近维拉斯凯兹《镜前的维纳斯》的正蓝色？另一幅与我产生共鸣的画作见证了欲望压倒禁忌的时刻，那具线条完美的身体。事实是，每当我看见维纳斯，我都会试着寻找玛丽·理查德森（Mary Richardson）所说的切肉刀，切肉刀是美丽遇上暴力的结果。[5] 这窗帘毫无疑问是蓝色。作家、学者卡罗尔·梅弗（Carol Mavor）曾说过，"我正试着成为蓝色鉴赏家"（2013: 11）。我选择的蓝色是像大海般无边无际的海蓝色，虽然未最终成形，但颜色饱满，随时可能会溢出。当窗帘从布卷上展开，平铺在切割台上，像海水般无拘无束，这是我最爱的场景。我曾在一次演出中使用过它。借着巧克力补充能量，抱着创造法式风情的目的，我本打算没日没夜地进行编织，趴在蓝色丝绸上，手里抓着羊毛线。但人算不如天算，一切变化太快，我只有跑到水槽边一个劲地呕吐。这件事再次提醒人们，没有节制的愉悦往往会以糟糕的结局收尾。我选的这种蓝色"表现过度"（Barthes 2002：27）。我窒息了，而你还在那儿。你拿着你那把剪刀，像是一个救世主，因为剪切能为无形的东西赋予各种形状。

关于剪切：卡洛琳·凯斯（Caroline Case）曾对处于治疗阶段的儿童进行研究，观察他们使用剪刀进行剪开、剪出和粘贴的过程，从而研究运用剪刀这种工具所带来的情感影响（Case 2005）。凯斯发现，剪开通常是一种冲动行为，具有潜在的破坏性，就像维纳斯身上的割痕一样。相比之下，剪出则具有反思性，体现出儿童对活动较为上心，做了一定准备。儿童沿着线条剪出形状，并为形状上色。线条就像边界，一个可以容纳一切的容器。线条给无形之物以各种形状，而各种形状也为我们所用。

裁缝的工作就是将二维的面料转化成三维的成衣。首先将面料在切割台上摆平，裁缝按照尺寸需求对面料进行测量并用划粉做好标记，这一过程称为"制样"。在国内，制样这一步骤一般使用纸样和别针来完成。裁缝将手指穿过剪刀刀柄和刀身，对准面料边缘。刀刃会剪开面料，剪断经纱和纬纱，剪断线条，剪断一切。裁缝在剪切面料时会考虑穿者的体型。

时装设计师兼自由裁剪大师朱利安·罗伯茨（Julian Roberts）曾在25个国家分享他的开放式裁剪技术，他在工作时习惯在脖子上戴上一条自编的腰带。罗伯茨先将面料卷成长筒，随后在长筒上进行剪裁。他在身体活动的地方剪开一些洞，这些蛇形的洞和其他洞连在一起，形成褶皱和抽带。经他裁剪的服装带有明显的巴洛克风格：松垮、褶皱、立体剪裁。他还给我讲了一些油和唾液的故事，说裁缝们会把剪刀划过后脑勺或向刀刃吐口水，以起到润滑的效果。我看着他直接剪向面料的主体部分，剪出巨大的洞，在边缘处没有丝毫犹豫。

我采用手工编织的方法和步骤进行创作。这种方法不需要动用剪刀，但有赖于穿针技巧：针头瞬间汇合又立刻分离，将纱线缠绕在针头上。我们很少在编织的过程中使用剪刀。当需要将面料扯开，或者撑断纱线时，我们通常会用手来完成这些操作。[6] 正如设计师艾米·特威格·霍罗伊德所说，在编织时运用剪刀进行剪切是一种野蛮行为（2013：202）。

艾彻等人（Eicher et al）对纱线和面料的切割格外关注，并进行了相应研究。他们发现，在印度教义中穿着未经裁剪的布衣是一种宗教传统仪式（2008：252）。更确切地说，丹尼尔·米勒（Daniel Miller）解释道，这些服饰被称为多地（dhoti），制作过程中未经裁剪和缝纫。印度教的男子会穿着这种服饰进行普阇（puja）礼拜。米勒推测，印度教人对未经裁剪和缝纫服饰的执着"反映了印度教中完整性、整体性和未渗透性等重要理念，这些理念与印度教的宇宙形成论是一致的"（2001：413）。完整即纯洁，这种理念也体现在其他宗教仪式中：玛丽·道格拉斯（Mary Douglas）就曾介绍过，婆罗门教徒在准备食物和后续进食的过程中尤其关注食物的完整性（2002：41）。在上述例子中，切割的行为可能会破坏结构，甚至违背教义。我想起了让·多伊在观看电影《丝奴（Le Cri de la Soie）》，联想到撕裂丝绸和伤害女性身体之间的紧密联系时表现出的不适（2002：114）。毕竟，面料常被描述为我们的第二层皮肤。

奇怪的是，我发现我居然也不忍心对面料下剪了。我原本打算制作更多把软剪刀，并将许多年前购置的两条亚麻床单留着备用。我将床单洗干净了，把它们铺在地上整平，再往上钉上样板，提起剪刀对准边缘，这时我犹豫了。我没法下剪。我不得不重新购置一些新的原料。不知何故，于我而言，原本那两条床单多了一层含义，不再是简简单单的两条亚麻床单了。一瞬间，两条床单让我想起了一个特殊时刻，那时我的孩子们还很小，我们全家去了趟法国度假。把床单剪开的行为也太鲁莽了，就像朝家庭共同的回忆剪了一刀，改变了我的过去。我想起那位裁缝，他那块划好线的面料和蓄势待发的裁剪姿势。他也站在一个十字路口，一剪刀下去可能破坏了某种完整性。他的剪刀不是野蛮的工具，但仍用于分裂、划分，用以摧毁一个整体。

切痕，或切的动作也是精神分析理论的核心内容，标志着理论从想象的、前俄狄浦斯（pre-oedipal）状态发展到研究个体化，以人类自己作为研究对象。琼·柯普伊克（Joan Copjec）写道，"一不是用来拆分的，而是由分割的碎片组成的"，以此支持以上论断（2012：46）。这让我想起罗兰·巴特提出的"他痛（Other ache）"概念：在渴望得到其他（除了我之外的其他人，或是她）人的关注之前，首先需要对所有人进行区分。为了获取独立，我们首先需要与母亲分开，就像克莱尔·帕贾兹考斯卡（Claire Pajaczkowska）所述，"亲子这层主要联系需要先斩断"（2007：146）。查阅字典后，我发现，斩断（severing）的意思是"通过切或削实现分隔的目的，特别是以突然或强行的方式"（牛津英语字典，2010年）。因此，斩断不同于轻轻切出。通常这种情况会留下痕迹，比如一道疤。从更广的维度来说，这种痕迹会成为欲望的对象，欲望的对象可以是一件东西、一个想法或一个幻想，这些使我们重新变得完整。拉康认为，残留的痕迹是客体小 a，在分裂的过程中消失了，在我们与母亲分离的过程中消失了。从精神分析的角度来看，这一刀切至关重要。理由很简单，没有这一刀就不存在欲望。

在我看来，欲望的对立面是无聊。一般缺乏好奇心，或是主动逃离外部世界，只关注自我的人经常会感到无聊。但是，感到无聊是成为独立主体的条件之一，是一种中间状态，简单来说就是"在某事完成之后，在另外一件事开始之前"（Phillips 1993: 72）的一种状态。从这层意义上说，无聊是欲望的媒介，是一种让我们去追寻的临界状态。然而，布鲁斯·芬克（Bruce Fink）告诉我们，欲望"没有客体"，没有什么东西既能满足欲望，同时又能"消灭欲望"（1997: 90）。理由很简单，一旦我们"挣脱束缚"，我们便成了欲望的主体，而非欲望的客体，对欲望本身充满渴望。正如罗兰·巴特所说，"我渴望的是我的欲望，而被爱的人只是欲望的工具"（2002: 31）。

我的心在颤抖。当我第一次花钱买票来看裁缝的"真容"，我的心里便小鹿乱撞。爬楼梯的脚步越来越快，像是几乎要从大理石的台阶上飞上去一般。却没料到他不在那里，我只得转而去皇家美术学院找他。我放弃了看展的计划，只想和他玩捉迷藏，我要亲自找到他。我像一个逛糖果店的孩子一般穿过人群，而我的双眼如聚光灯一样仔细搜索着每一面墙壁。第一个展厅里陈列了许多莫罗尼创作的肖像画，他却不在那儿，我失望极了。我曾幻想过裁缝的长相，幻想过他的眼神和他那独特的气质，但他对我来说只不过是一个绘画的工具。在"亲眼"阅览了皇家美术学院墙上的一幅幅画作后，我发现了莫罗尼肖像画成功的奥秘，

"对象的头和双肩呈对角线，同时头略微低头偏向一侧。目光透过帆布望向观众"（皇家美术学院，2015 年）。我突然悟了，随即发出一阵无意识的颤抖，我在莫罗尼为卢布雷齐亚·阿格里迪·维尔托瓦（Lucrezia Vertova Agliardi）修道院长所画的肖像画前停住，那一刻我敢说她拿的不是圣经，而是一部手机。

我本应在属于裁缝的那面墙上找到他，这才是唯一正确的事。在他的左侧挂着一幅精致的肖像画，画上画着一位绅士和他两个女儿（《鳏夫》）。我也站在那儿，上下打量着他。现在，他在别处。在全新光线的照耀下，我以更苛刻的眼光看着他。他的红宝石戒面、用于固定刀刃的螺栓的高度和细节，他本应随身佩戴的佩剑，还有彭妮发现的水渍（2004：236），不是心思细密的人怕是发现不了这些细节。此时，你又一次展现了你的温柔，你的左手轻轻握住黑布的边缘，就像那位绅士父亲将手搭在孩子们的肩膀上一样。你们都在做这个动作。

衣服上的纽扣总是让我回想起儿时喜爱的那首摇篮曲。[7] 我想象着莫罗尼也能料想到这种快乐：两个纽扣太多了，一位水手和一个完全不同的人。而且，我第一次看见他身上有一块绿色的痕迹，病态的绿色。他也许身体不舒服。这与我的想象有些出入，但这种虚弱的状态反倒使他变得更加鲜活生动。原来他可能真实存在过，这一可能性让我的幻想愈加破灭。我好像一下子失去了活力。我的身体变得更加沉重，遂转身离开。好像有什么东西，或者某个人已经逝去了。

我们可以在档案馆寻找问题的答案，或者在那儿拓宽我们的知识面，对我们已掌握的知识提出质疑。同时，它也可以是我们释放欲望的场所：临时性地满足人们的好奇。你可以在档案馆进行各种检索、打

吉奥瓦尼·巴提斯塔·莫罗尼《裁缝（Il Tagliapanni）》中的褶皱、剪刀和乳沟

开各种档案盒和文件夹，筛选各种文件，这就像是另一种形式的宽衣解带。档案馆是"从私人到公有制的制度通道"（Derrida 1995：10）。或许你能在这里发现一些未知的事物，制造另一个幻想。国家美术馆的档案室里，高大的天花板、厚重的门、宽大的书桌，安静得恰如其分。我的裁缝所属的卷宗号是 697 号。他保存完好，折在灰色的文件夹中，一起的还有卡片盒和一些印染件。这些东西都是你存在的证据，证明你就在这儿。通过翻阅这些文件夹，我发现除了我以外还有人也在找寻你，但都没能认出你是谁。我还发现，市面上还流通着一些你的复制品，副本裁缝，发现你曾被缝到一块我手掌大小的布上。筛选，就像一个先用探照灯再用聚光灯的过程。我意识到，我的过去使我的视野变得狭窄，于是回首寻找最初的源头，源头是"绝对开始最古老的地方"（Derrida 1995：91）。当我发现，在我出生的 100 年前，你到过伦敦，我笑了，这像是给我的一份礼物。随后，在纸张最薄的淡蓝色纸上，我发现了查尔斯·伊斯特莱克爵士写于 1862 年 9 月 21 日的笔迹。我的心猛烈跳动了一下，他写道，"在莫罗尼的所有肖像画中，这幅怕是主人最难以割舍的"。这时我知道我找到了你，对档案的疯狂搜寻终于有了结果，让我又变回了真实的自己。

我一直在一个柔软的地方徘徊，一个象征着母性的柔软空间。我喜欢待在这种柔软的地方，感觉就像躺在一个"不动的摇篮"里，让我又回到了母亲身边。巴特称"在这个地方你什么都不想要，所有的欲望都消失了"（2002：104）。这个地方在佩尼奥拉的思想中也有类似的表述：在这里身体"成为一卷卷材料，相互折叠、展开"（2004：10），在这里对面料感官的愉悦与情欲无关，这里应有尽有。

虽然待在这里我感觉很愉快，但我并没有在此停留，也不能止步于此。从一开始我就用裁缝的剪刀使自己解脱出来，转而沉浸在另一个地方。我发现，产生欲望需要距离，而且虽然剪切定会留下伤疤，但也塑造出了各种形状。通过研究我对裁缝的欲望，我发现欲望是欲望本身的客体，而面料，不管以什么形式呈现，都有可能激起并满足人们的欲望，但我不能打包票。然而，在人们对知识和理性的求索过程中，有些东西是高深莫测的，无法了解，只能透过身体去感觉，去探寻。最后，让我们再次回到苏珊·桑塔格，她呼吁给这种状态以特殊对待："现在，真正重要的是去恢复我们的各种感官。我们必须学会去多看、多听、多感受"（2009：14）。

注释

1. "放在撑衣钩上"指的是将编织好的面料放在一个柔软的框架上。这个框架会给面料施加一定张力，防止面料缩水。

2. 使徒托马斯，或"多疑的托马斯"直到抚摸了耶稣身上的伤口时才相信耶稣真的复活了。因此，托马斯宣称，触摸是验证真相或事实的标准。文中，我担心触摸会起到同样的效果，进而使我的幻想破灭。

3. D.W. 温尼科特是一名英国的儿科医生兼儿童精神分析师，其研究著作《过渡性客体和过渡性现象》是我作品最重要的灵感来源。

4. 法国精神病学家加埃坦·德克莱兰堡（Gaëtan de Clérambault）的研究兴趣是对从巴黎百货商店偷面料的女性进行精神治疗（多伊，2002 年）。

5. 1914 年 3 月 10 日，在一场名为"行动胜于空谈"的活动中，妇女政权论者玛丽·理查德森将一把切肉刀砍向了维拉斯凯兹所画的维纳斯的身体。

6. 剪断针脚是个例外，当一件衣服采用圆形编织时，通常需要借用剪刀从中间剪开。

7. 在数樱桃核（cherry stones）、背心纽扣 (waistcoat buttons)、菊花瓣 (daisy petals)、猫尾草种子 (the seeds of Timothy grass) 时，为了方便计数，孩子们习惯性用这些单词的韵脚，如"铁匠 (tinker)、裁缝 (tailor)、士兵 (soldier) 和水手 (sailor)"来代替（奥佩，1988年404页）。

参考文献

Bailey, M. (2009), "Santiago de Compostela Prepares to Stop the Rot," *The Art Newspaper*, September, 18 (205): 28.

Barthes, R. (1980), *The Pleasure of the Text*, trans. Richard Miller, New York: Hill & Wang.

Barthes, R. (2002), *A Lover's Discourse*, London: Vintage Classics.

Beaudry, M. (2007), *Findings: The Material Culture of Needlework and Sewing*, New York: Yale University Press.

Benjamin, W. (1982), "The Work of Art in the Age of Mechanical Reproduction," in F. Frascina (ed.), *Modern Art and Modernism: A Critical Anthology*, 217–220, London: Sage.

Bruno, G. (2014), *Surface: Matters of Aesthetics, Materiality, and Media*, Chicago: University of Chicago Press.

Campbell, L. et al. (2008), *Renaissance Faces: Van Eyck to Titian*, London: National Gallery.

Case, C. (2005), "Observations of Children Cutting up, Cutting out and Sticking Down," *International Journal of Art Therapy*, 10 (2): 53–62.

Classen, C. (2005), *The Book of Touch*, Oxford: Berg.

Copjec, J. (2012), "The Sexual Compact," *Angelaki, Journal of the Theoretical Humanities*, 17 (2): 31–48.

Deleuze, G. (1993), *The Fold: Leibniz and the Baroque*, trans. Tom Conley, Minneapolis, MN: University of Minnesota Press.

Derrida, J. (1995), "Archive Fever: A Freudian Impression," *Diacritics*, Summer, 25 (2): 9–63.

Douglas, M. (2002), *Purity and Danger*, London: Routledge.

Doy, G. (2002), *Drapery: Classicism and Barbarism in Visual Culture*, London: I.B. Tauris.

Eicher, J. B. et al. (2008), *The Visible Self: Global Perspectives on Dress, Culture, and Society*, 3rd ed., New York: Fairchild Publications.

Fink, B. (1997), *The Lacanian Subject: Between Language and Jouissance*, Princeton, NJ: Princeton University Press.

Freud, S. (1910), "On the antithetical meanings of primal words in Five Lectures on Psycho-Analysis, Leonardo da Vinci and Other Works," in *The Standard Edition of the Works of Sigmund Freud*, Vol. X1 (1957), 155–163, London: Hogarth Press and The Institute of Psychoanalysis.

Josipovici, G. (1996), *Touch*, New, CT: Yale University Press.

Lacan, J. (2007), *Ecrits,* trans. Bruce Fink, New York: W. W. Norton & Co.

Mavor, C. (2013), *Blue Mythologies: Reflections on a Colour*, London: Reaktion.

McTighe (2015), "Fresh Faces: Moroni at the Royal Academy," *Apollo Magazine*, January, 181 (627): 83–85.

Miller, D. (2001), *Consumption: Critical Concepts in the Social Sciences*, London: Routledge.

Opie, I. and Opie, P. (1988), *The Oxford Dictionary of Nursery Rhymes*, Oxford: Oxford University Press.

Oxford English Dictionary (2010), 3rd ed., Oxford: Oxford University Press.

Pajaczkowska, C. (2007), "Thread of Attachment," *Textile: Cloth and Culture*, 5 (2): 140–153.

Penny, N. (2004), "The National Gallery Catalogues: The Sixteenth Century Italian Paintings," in *Paintings from Bergamo, Brescia and*

Cremona, Vol. 1, London: National Gallery.

Perniola, M. (2004), *The Sex Appeal of the Inorganic: Philosophies of Desire in the Modern World*, London: Continuum.

Phillips, A. (1993), *On Kissing, Tickling and Being Bored*, London: Faber and Faber.

Robinson, H. (2001), *Feminist Art Theory: An Anthology, 1968 – 2000*, Malden, MA: Blackwell.

Royal Academy of Arts, List of Works: Giovanni Battista Moroni https://royal- academy-production- asset.s3.amazonaws. com/ uploads/655520b7-66d1-4571-8c85-ae860a4f3e5f/ Moroni+Large+Print+Labels.pdf (accessed October 15, 2016).

Sontag, S. (2009), *Against Interpretation and Other Essay*, London: Penguin Classics.

Stewart, S. (1993), *On Longing: Narratives of the Gigantic, the Souvenir, the Collection*, Durham, NC: Duke University Press.

Twigger Holroyd, A. (2013), "Folk Fashion: Amateur Reknitting as a Strategy for Sustainability," PhD thesis, Birmingham: Birmingham Institute of Art and Design, Birmingham City University.

扩展阅读

Barthes, R. (2007), *Where the Garment Gapes*, reproduced in M. Barnard (ed.), *Fashion Theory: A Reader*, London: Routledge.

hooks, b. (2001), *Women Artists: The Creative Process* in H. Robinson (ed.), *Feminism Art Theory: An Anthology 1968 – 2000,* 635–640, Oxford: Blackwell.

Winnicott, D. W. (1953), "Transitional Objects and Transitional Phenomena—a Study of the First Not Me Possession," *International Journal of Psychoanalysis*, 34: 89–97.

Yi-Fu Tuan (2005), *The Pleasures of Touch*, in C. Classen (ed.) The Book of Touch, 74–79, Oxford: Berg.

对情欲的思考：

情欲面料的概念帮助我找到了方法，使我能够理解雕塑的一个特殊变化，这种变化是理想、天真和情欲的结合，困扰了我多年。

克莱尔·琼斯

2

第二章

"扭曲的品味"：19世纪中叶意大利大理石雕对面料和青春期的描绘

克莱尔·琼斯

本章论述了 19 世纪中叶面料在刻画童年的雕塑中所起的作用。我将主要关注创作于意大利北部的雕塑，其令人啧啧称奇的现实主义催生了独特的纹理、质感和密闭性，让人忍不住近距离端详，甚至上手触摸。在 19 世纪，这些作品一经展出，立刻霸占了国际艺术界的头条，自然也吸引了来自英国的雕塑家、艺术评论家和普通大众的注意。1851 年，这些雕塑第一次来到英国，在水晶宫进行展出。自那之后，这些雕塑作品频繁到访英国，其中不乏彼得罗·马尼（Pietro Magni）的《读书女孩》（创作于 1861 年）。这件作品于 1862 年在伦敦的国际展览会上进行展示。这些作品对不同材质进行了细致的渲染，从藤茎座椅到蕾丝镶边的衬衫，体现了 19 世纪五六十年代意大利北部兴起的现实主义雕塑艺术的特点。

这些作品技艺精湛，英国的艺术评论家对此大加赞赏。但与此同时，这些评论家也提出了各种批判，认为这些作品对细节和表面的处理缺乏深度。在那之后的历史学家基本沿袭了这一论断，他们认为这些作品表面纹理错综复杂（Bryant 2002；Penny 2008；Murphy 2010），同时认为它们取得了较高的工艺成就，但大都缺乏对智力、道德、政治或感官的关照。这与另一种雕塑现实主义，即新雕塑形成了鲜明的对比。新雕塑诞生于 19 世纪 70 年代的英国，该流派强调对表面、皮肤和服装的处理，被认为是 20 世纪现代主义的先驱（Beattie 1983；Getsy 2004）。

在本文中，我认为这些早期的意大利现实主义试验作品确实在表面细节的处理方面缺乏深度，但它们至少提供了新的、激进的，有时甚至令人惴惴不安地接触当代世界的方式。其中最主要的便是这些作品对大理石面料的渲染。本文的目的之一便是刺激艺术历史学家们，让他们重新仔细审视这些意大利雕塑艺术家是如何绞尽脑汁地处理面料细节的。我们需要对传统雕塑艺术史提出质疑。在传统雕塑史中，古典的垂坠服饰要优于现实主义服饰，并且暗含着一个从理想美，表面最后到装饰物的先后等级。本文还想鼓励纺织和服装历史学家，鼓励他们更多地从事雕塑中面料和服装表现形式的研究。

缝线和雕花剪裁服饰，配以纽扣、蕾丝和丝带，这些服饰绝不是肤浅、缺乏深度的。它们将当代的维度考量注入到古典的媒介中，创造了一种集感官、情欲、物质、宗教、家庭、商业和政治因素共鸣的复杂联系。这些作品打破了古典垂坠服饰的形式限制，放弃使用"理想型"的抽象线条，跨越了古典主义的永恒性，体现了 19 世纪五六十年代的雕塑特点，创造了一个三维立体空间，使当代的欲望可以在这里进行表达或接受挑战。[1]

以乔瓦尼·斯佩尔蒂尼（Giovanni Spertini）的《一心写作的女孩》（1866）为例。在这件作品中，一位年轻的女孩坐在一张精心雕琢的休闲桌旁写字，屁股下是一张垫有精致流苏软垫的凳子。她光着脚，把脚搁在缀有玫瑰的地毯上。桌子的穿孔细节设计与她的蕾丝镶边手帕相得益彰，在她的长款衬衫或睡衣的袖口和领口也可以发现同款蕾丝穿孔设计。这种蕾丝卷边向外侧卷曲，从而在身体和蕾丝边之间形成了深深的缝隙。蕾丝边位于三排缝线之上，将裙子的各种面料聚合到一起，形成了薄薄一层均匀的褶皱。在裙子侧面和下摆也能看到缝合线。一条细丝带恰好拴住衣服，防止衣服从她裸露的双肩上往下滑。

雕刻刻画穿着现代蕾丝镶边服饰的年轻女性，这一做法不仅将新现实主义的理念带进了雕塑行业，而且将当代艺术与日常生活结合在了一起，使观众在展览厅或美术馆除了欣赏希腊众神以外多了其他选择。而这反过来使观众和雕塑间产生了一种不同的情欲关系。它强调物质性，突出了面料给眼睛、记忆、心智和手所带来的感官愉悦。它使观众的注意力集中在成衣和面料上，集中在面料上摆放的手、划粉和剪刀上，集中在针头上，集中在面料摩擦所发出的沙沙声上，集中在棉布、丝绸或蕾丝接触到皮肤的触感上，集中到面料和身体间的中空地带上，强调观众的触感和感官享受。这都需要观众近距离观看，想象或亲手触摸（大理石）面料，在被描绘和真实之间，在美丽的身体、纺织面料和冰冷坚硬的大理石之间，创造一种情欲张力。此外，这些作品中包括一些"衣衫褴褛"的女孩，这触发了人们关于面料位置和雕塑中的情欲因素的激烈讨论。

我的研究首先参考了当代英国人对这些雕塑的反应，其次借鉴了当代意大利雕塑背景。英国人对这些作品表现出明显的不安，凸显出了对若干题材的紧张，从对雕塑现实主义的担忧到将儿童性欲化。在意大利统一时期，这些雕塑作品的意大利血统为面料政治增添了一些现实背景，其中就包括家庭缝纫活动。将这些雕塑放在国际展览会上进行展示又引发了对制造、当代消费主义、触感和欲望的讨论，这些问题使作品中面料和情欲间的相互关系变得更加复杂。

英国人对意大利现实主义雕塑的反应

既然这篇文章主要围绕英国人对意大利雕塑的接受情况，我想先简要概述一下 19 世纪中叶英国雕塑的主流创作方法，以便确定这些意大利作品中哪些地方是特别新颖的，又有哪些地方是让人感到不适的。在这些雕塑创作并展示的年代，古代或古典雕塑被认为是所有现代作品的最高标准。这一做法遵循了皇家美术学院的教诲。皇家美术学院成立于 1768 年，其倡导将古典雕塑作为当代雕塑的理想典范。雕塑家的训练内容包括研究古希腊和古罗马的雕塑，这些雕塑多是裸体或半裸体的成年人，体现了和谐和克制的思想。垂坠服饰起着多种功能，包括支持整个雕塑结构、显示运动状态和寓意故事叙事等。面料表面经过打磨，但不带任何装饰点缀，避免与当代时尚产生任何关联，保持了理想雕塑跨越时间和日常的神秘感。

相比之下，意大利现实主义雕塑强调物质性，对理想雕塑的纯洁性构成了严重威胁。它为古典雕塑的抽象躯体加上了睫毛、眉毛、酒窝，甚至眼泪作为点缀。古典雕塑中那"永恒的"经典卷发被替换成了精心梳理和编结的发型，而未经修饰的服饰褶皱则通过定制的方式一下子呈现出了现代的感觉。定制服装不仅带有纽扣和蕾丝修边，缝线和褶边也清晰可见，甚至领口也做了聚拢处理。在古典雕塑中经常出现一个人靠在树桩上，这样设计是为了撑住大理石雕塑的整体重量。现在，这些雕塑被现实主义雕塑取代，仅仅添加了一把马蹄形的椅子或一张精心雕刻的写字台，现代感立现。

英国评论家们很快便发现了意大利雕塑家能在大理石上临摹不同衣物的方法。意大利雕塑曾于 1865 年在都柏林国际展览会上大规模展示，一位评论家遂评论道，"有时艺术家的艺术性，雕塑家的天赋战胜了一切，它们能让石头的垂坠服饰像面料或丝绸般柔软、轻薄、自然"（雕塑：1865 年都柏林国际展览会，1865：56）。很早以前，雕塑家就能在大理石上雕刻出各种不同重量的面料，这种技巧一直到 19 世纪末仍是雕塑实践的关键组成部分。但现代意大利雕塑的显著特点是，近距离观察你会发现，面料越看越像完整的衣服。以安东尼奥·坦塔蒂尼（Antonio Tantardini）的《读信的女士》为例，这件作品也曾在 1865 年的都柏林展览会上展出。一位当代评论家特别指出了坦塔蒂尼在面料渲染方面所做出的创新：

> 在雕塑上模仿绸缎表面没有什么特别之处，因为这种表面在许多光滑的织物上很常见。但是经过研究我们发现，这些作品的褶皱上存在奇特的断痕，弯曲过渡也很僵硬，同时接缝处的"褶皱"，以及"卷边"，使观众感觉绸缎真实存在，绸缎是假的，但仍透露出一股女性气息。

第二章
"扭曲的品味"：19 世纪中叶意大利大理石雕对面料和青春期的描绘

因此，与其讨论雕塑家模仿绸缎表面的鬼斧神工，不如将其归功于他对作为成衣绸缎悬挂方式的理解，包括缝线对织物面料的拉力。古典垂坠服饰那光滑的轮廓设计已逐渐被历史所淘汰，剪裁缝合更加精准的服饰已走向历史前台，这些服饰一般领口收拢，侧围密缝，边缘镶边，颈部或腰部一般设计有缝合好的开襟。这不再是一块简单的面料，而是已制成成衣的面料。

当代英国评论家为意大利雕塑家精湛的技艺所折服，惊叹于他们创造的雕塑竟如此贴近现实，细节设计如此精细。但与此同时，评论家们也对这些雕塑作品与传统标准相背离而感到震惊。观看过 1862 年伦敦世博会上这些意大利展品后，一位艺术评论家对这些作品进行了猛烈的抨击，认为它们肆无忌惮，"现实"过了头：

> 这些作品充斥着机械程式般的"聪明"，只有拥有变态品味的人才能欣赏。而真正的雕塑家不屑在多余的装饰和花边上浪费精力和时间。雕塑有权也应该用最高尚、最纯粹的方式表现形式的诗意气质，而不是用在石头上雕刻女帽的手艺妄图迷惑我们。

"伦敦世博会艺术展"，1862：141

本书认为，这些雕塑中的装饰以及所体现出的真实感不仅是过度的，而且越过了道德的底线。这种"是非颠倒"体现在以下方面：这些雕塑强调装饰重于形式、炫技重于实质，时尚倾向随意切换而忽视了作品的纯洁性。这类批判也集中在作品性别，尤其是女性服饰方面："多余的装饰"和"在石头上刻画女帽"等。评论界对雕塑过度装饰和表面细节的憎恶体现了文明开化和野蛮残暴国家根深蒂固的世界观，以及装饰物对现代西方社会的威胁，尤其考虑到女性相较男性更加多愁善感。

另一个问题是，经过一段时间人们发现，这些作品在英国民众中非常受欢迎。在1862年伦敦世博会上，马尼的《读书女孩》是复刻次数最多的作品之一，雕塑立体图那新颖的形式使观众几乎能从各个角度欣赏该作品（Salvesen，1997）。这件大理石雕塑将游客都吸引了过来，它那现实主义的真实感产生了一种生理反应，若在观赏古典裸体雕塑时出现这种反应是大逆不道的。正如一位评论家所说，"现代大众雕塑的发展趋势是走向物质化、现实化。有超过10万人看过《读书女孩》这件作品，其中十分之一的人会将手搭在椅子的柳条上，感受前所未有的享受，陷入无尽的狂想中"（雕塑：1865年都柏林国际展览会，1865：56）。

这些雕塑作品对诸如蒲茎座椅等日常物品进行了全新的诠释和描述，鼓励普通民众凑近了长时间地端详，甚至上手碰触。具体民众是否触摸了女孩半裸的身体或衣物，文献中并未记载。但垂坠服饰和光滑身体，甚至骨瘦后背间所形成的强烈反差同样会引起肢体和感官上的接触。

在英国罗马天主教复兴的大背景下，这种民众与艺术作品触觉和潜在感官方面的接触带来了大麻烦。19世纪四五十年代，罗马天主教势头正劲，而新教评论家们对罗马天主教那蛊惑人心的感官刺激能力极为警惕。虽然在英国评论界对意大利雕塑的反应中没有公开直接提及宗教，但在此期间评论界竟然使用了与评论罗马天主教相似的语言，此事绝非巧合。[2] 意大利雕塑与罗马天主教一样被认为是堕落、腐败、不重要且缺乏深度的。例如，一篇写于 1879 年的文章，题为《现代意大利景观雕塑：现实主义流派的崛起》试图遏制当代意大利现实主义这股"邪流"，认为这股风气蛊惑了英国雕塑家、顾客，艺术评论家和普罗大众。作者认为，只有那些没心没肺的人才会喜欢支持这类道德败坏的雕塑，主张"应立即消灭这类雕塑，转而敞开胸怀，拥抱那些遵守原则，做工精美，带有真情实感的纯洁作品"（Jarves 1879 :251）。

我的意思并不是说意大利雕塑就是罗马天主教教义的代表，但这些作品可以视作罗马天主教内在威胁的一种表征。像《读书女孩》这类意大利雕塑作品体现出典型的巴洛克风格（即罗马天主教风格），这在英国观众中引起了感官和触觉反应，观众也欣然接受了作品的蛊惑，这一现象十分危险，令官方难以接受。维琴佐·贝拉（Vincenzo Vela）的《晨祷》（1846）描述了一名青春期少女满怀热情地参与祷告的场景，像这类作品尤其令人坐立难安，因为它们将宗教热情与新雕塑现实主义相融合，可能通过物质刺激感官从而达到腐败破坏的目的。

从面料到成衣：日常物品的情欲

总之，这些雕像代表了发生在雕塑行业的一种复杂转变，从理想化的古典主义向新现实主义转变。我认为，这一变化中最违背标准的一方面是对当代日常物品的描绘。理想古典主义的元素仍然被保留，包括寓言元素和白色大理石所代表的纯洁，但是这些元素都被卷边、纽扣和缝线所颠覆、破坏了。通过对面料和服饰的仔细刻画，这些现实主义作品将现代生活的方方面面融入进仍以古典主义为基础的雕塑中。增强的现实感与当代服饰的结合使雕塑更贴近现实，使它们看上去更具现代感。这反过来又使身体的表现形式愈加复杂。正如一位评论家在谈到马尼的《读书女孩》时说的那样，它扰乱了大众公认的关于理想（化）美的标准：

> 在日常生活中，一切都是真实的。但在某种程度上，这一论断又是丑陋的。雕塑的魅力在于其简单而又贴近现实，而垂坠服饰，或形式和特征方面的讨巧这些因素原本是优秀雕塑作品的主要衡量标准，却都不能体现雕塑的真正魅力。

"都柏林国际展览会"，1865：296

另一种说法认为，马尼给雕塑带来一种"家庭般的新鲜感"。大理石刻画的年轻女孩身着一件简单或精致的连衣裙，全神贯注地投入到日常的家务之中，这与描绘君主或政治家的肖像画或是纪念军事英雄的标准作品相比，具有一种强大的力量。

这些刻画中产阶级年轻劳动女孩的雕塑作品体现了一类重要的创作主题，当时人们认为这类主题不适合在大理石上进行创作。通过使用新的方法对面料进行渲染，雕塑刻画的人物从神话或通用人物转变成了19世纪五六十年代人们更为熟悉的普通女孩。古典主题被普通且日常的主题所取代，而这些主题也通过大理石雕塑的形式得到了升华，成为非凡的内容。这些女孩可能沉默不语，默不作声，低着头，摆动着四肢忙于家务，但她们同时也是独立的、专注的，有自我意识的，相比之下，寓言式的儿童雕塑则不会体现这些内涵。而读书写字的女孩可能也代表了一种新的当代的寓言形式，象征了一种普及式的教育。通过参与阅读、写字或祈祷等活动，女孩们的思想和心灵也经历着智力和道德层面的成长。她们的身体长大了，衣服的轮廓也发生了改变，抚摸着衣服的纹理，触发了新的令人愉悦的共鸣。

随着越来越多种类的纺织品登陆国际展览会，出现在新兴的百货商店的货架上，面料，尤其是女性服饰面料的情欲维度受到了当时社会各界的关注。这些纺织品对英、意两国都具有重要的经济意义。但在当时，一些人认为这些纺织品会败坏女性的道德和美德，因为女性会被时尚和炫耀性消费所蛊惑，产生一些不良的行为。受制于这种观点，纺织品的经济利益未得到全部释放。1883 年，埃米尔·左拉（Emile Zola）出版了《摩登妇女乐园（Au Bonheur des Dames）》，故事设定在 1864 至 1869 年，生动描述了发生在百货商店的各种感官体验。当时，面料的专业化程度越来越高，销售人员需要掌握复杂的专业知识，才能在这片由丝绸、棉布、羊毛、平纹细布和各种日益细分的纺织品构成的白色海洋中驰骋。

因此，虽然这些雕塑上的白色大理石面料似乎也体现了与理想雕塑相关的纯洁理念，但 19 世纪 60 年代的观众也发现了白色面料上的细微差别。正如在 1865 年都柏林国际展览会上一位评论家所说，当制造商和消费者对所提供的商品进行调查和分析时，必须养成一种仔细观察的习惯：

> 商人或者鉴赏家可能会把他的朋友带来，然后指着一幅现实主义画作说，"先生，请看那顶帽子的帽檐"，或说，"快看那瓶标签撕了一半的药瓶"，"看他头上缠着的一小块法兰绒面料：你可以上

手摸一下，先生"。似乎，人们对雕塑背后的创作过程也产生了愈加强烈的需求和兴趣。

"雕塑：1865 年都柏林国际展览会"，1865：55

这种对拟人、拟物的喜好引发了关于雕塑和面料制作的问题。古典雕塑追求精致统一，所有雕塑线条、轮廓抽象，褶皱是永恒的主题，这些似乎扼杀了人类双手的能动性和创造性。相比之下，现实主义雕塑则体现出了制作的痕迹。参观者可以近距离触摸这些作品，使他们隐约相信，这些作品刻画的形象是真实存在的。同时，触摸的动作也有助于他们理解雕塑家是如何通过精细的雕刻、凿刻和抛光来创造出面料、缝线、卷边、边界和纽扣的感觉的。这说明，艺术家不仅在雕塑的创作中投入了心血，而且精心描绘雕塑人物的服饰。19 世纪 60 年代的普罗大众比现在的西方人更熟悉服装的制作与修补。事实上，当时的人对"装饰"和"蕾丝"的了解比对古典雕塑的了解还要多，而这些现代作品，紧跟当代时尚潮流，在内容上体现出平民性和民主性。

不论是制作面料、蕾丝，服装还是雕塑都需要高水平的技术、手艺和艺术技巧。在当代缝纫机插图广告中，我们也可以找到与大理石雕刻的读书女孩类似的创意想法。例如，惠勒与威尔逊（Wheeler & Wilson）公司在 1865 年为其屡获殊荣的锁式线迹缝纫机刊登了一则广告。广告中展示了一幅版画作品，展示了"安妮·贝尔（Annie Bell）小姐用惠勒与威尔逊牌缝纫机为其手帕缝纫卷边的场景"（《官方目录广告商》（Official Catalogue Advertiser），1865：7）。她坐在那里，身体向前倾，全神贯注地工作着，使人想起了她的那件大理石雕像作品。你可以在版画中找到卷边、褶皱、衬垫、缠线、穗带和细绳等，而这些也是在大理石雕塑上常用的技巧。谈及缝纫机的缝制能力，版画旁的配文写道，其能够缝制"最精细的瑞士薄纱、丝绸、亚麻布、印花布、法兰绒或厚度最厚的面料"。这些文字不仅展示了机器在缝制面料方面的技术能力，通过这段文字，惠勒与威尔逊公司也希望普通民众对不同纺织品和缝纫技术有一定了解。广告中体现的缝制的机械化也是对前文提到的大理石雕塑"仿花边"的另一种解读。虽然这件版画作品和雕塑一样需要高超的技艺，但这类模仿可能导致匠人技术水平的退化，因为随着科技的进步，越来越多的蕾丝镶边工作由机器完成，这威胁到了当时英国整个手工镶边产业。

面料政治

然而，家庭缝纫作坊在中世纪的意大利具有特殊的政治意义，尤其在意大利米兰，米兰是意大利统一和现实主义雕塑的重要中心。奥尔森认为奥多阿尔多·博拉尼（Odoardo Borrani）的《1859 年 4 月 26 日（26 April 1859）》（1861 年）便是其中一个典型例子。这类爱国主义作品在 1861 年意大利王国建立以后深受地区政府的青睐（Olson 2013：219）。这幅画作描绘了一位年轻女性在家缝制意大利国旗的场景。博拉尼还创作了一些类似的作品，包括《为志愿军缝制红衫（Sewing Red Shirts for the Volunteers）》（1863），这幅画作中四名年轻女性坐在一户中产阶级人家的客厅中正在缝制衣物。这一看似人畜无害的场景，相邻墙上加里波第的版画却在提醒观众，这些女性的缝纫动作是积极的政治行为，因为她们正在为那些为意大利独立而战的人们制作红衫。在意大利统一的背景下，工作中的女性，不论是在缝纫，还是在读书或写字，都表达出了她们的政治立场，不顾个人安危的精神以及爱国的理想。如果情欲和违法犯罪产生某种关联，那么这类融合了不同阶级，跨越公共和私人领域，结合了政治与家庭的政治场景也可以部分被解读为是情欲的。画中女性那白皙柔软的手正抚摸，裁剪并缝合红衫，而这些红衫很快就将被（来自所有社会阶层的）军人穿在身上。画中的女性，或看画的观众都很清楚这一点。

绘画和缝纫动作中所表现出的面料的政治性也体现在精心设计缝制的面料上，以及如《读书女孩》这类雕塑的服装上。1862 年在伦敦展出的那个版本描绘了她脖子上佩戴着意大利民族主义者朱塞佩·加里波第（Guiseppe Garibaldi）的肖像勋章，并正读着乔瓦尼·巴蒂斯塔·尼科里尼（Giovanni Battista Niccolini）所写的爱国诗（诗的印刷版曾被粘贴在那本大理石书上）。这被解读为对意大利统一"有些取巧的"回应，其中"女孩本人被认为是一个真诚的青少年国家的象征"（Penny 2008：164）。因此，这位穿着白色连衣裙的年轻女孩可以被理解为一则政治寓言。她在专心读书，却没有注意到连衣裙从右肩滑落，露出了一边的胸部。

考虑到加里波第勋章产生时的政治背景，这种局部裸体可以被认为是民族天真和民族发展的一个象征。加里波第是一个狂热的反天主教人士，而这一版本的《读书女孩》可能特意选择在伦敦展出，以迎合英国当地的反天主教情绪，以及新教徒接触圣经的需求（例如读书的动作）。在其他版本的《读书女孩》中，女孩佩戴着十字架配饰，而非加里波第的勋章，这说明雕塑经过修改，以吸引另一部分天主教的观众。但是，不管在哪个版本中，女孩的身体和标志性的连衣裙都保留不变，都体现出现实主义的创作主题，两个版本的女孩都裸露着部分乳房。在研究了这些作品中由服装的现实主义所产生的情欲后，我们如何才能理解面料和青春期肉体之间的联系呢？在本文的最后一部分，通过对这两座雕塑进行深入研究，我将着重讨论面料和少女肉体之间的具体关系。

青春期少女雕像

距离唐卡斯特不远处有一座名为布罗德斯沃斯礼堂（Brodsworth Hall）的建筑，礼堂的大厅展示着两件由意大利雕塑家朱塞佩·拉泽利尼创作的雕塑作品，分别为《虚荣（Vanity）》（约 1862 年）和《去沐浴的仙女（Nymph Going to Bathe）》（约 1862 年）。远看，这两件作品似乎遵循了古典雕塑的创作惯例，均由白色大理石制成，都刻画了半裸体的女性形象，看上去都穿着古典垂坠服饰。作品的名称也通过体现神话主题强化与古典流派的联系。《虚荣》的主人公凝视着一面已经不存在的镜子，而《去沐浴的仙女》则站在河边，正要宽衣解袍踏入水中。但是，当你走近了看，你会发现这两件作品上存在一些令人困惑的地方。首先，作品中半裸的女性均为青春期的少女，而不是古典和新古典主义雕塑中常见的成年裸体形象。她们是即将迈入成年的女孩，是古典形象的年轻版本。这撕碎了理想雕塑那永恒且纯洁的得体外衣，会招致对这些作品违法、色情的指控。

就像理想雕塑中的成年女性一样，这两位少女的眼睛望向了别处，观众们可以随意凝视大理石的造型。但在这些年轻少女中，成长和转变的迹象较之发育成熟的自我显得更完整、更直接。古典雕塑中刻画的女性可能是这些女孩们的母亲、姑妈或姐姐。这些古典形象将曾经一个个孤立的形象带入一个庞大的雕塑家族，比古典形象更具人性气息。这些女孩的出现带来了各种矛盾冲突，包括成年和童年的矛盾、性知识和性纯真之间的矛盾、雕塑闪躲的眼神和观众们凝视的眼神间的矛盾、古典主义和现实主义的矛盾、面料和肌肤间的矛盾等。这些因素加在一起产生了一种令人不安的情欲表象，而这些因素综合表现在雕塑上就更具挑衅意味了，因为雕塑是与真人等比例大小，以三维立体形式呈现的。同时，理想雕塑中的一些元素得以保留，包括寓言内容和白色大理石所象征的所谓纯洁，但这些都因女孩的年龄、身体和面料被彻底颠覆和破坏了。

乍一看，两位少女的形象似乎都穿着非常传统的垂坠服饰。但经过近距离仔细观察你会发现，她们显然穿着的是 19 世纪的现代服装。她们身着精细剪裁和缝制的连衣裙，连衣裙领口收拢，门襟深陷。连衣裙低垂至腰间。面料的褶皱和古典的垂坠服饰有异曲同工之妙，但缝合的领口和裁剪整齐的袖子暴露了其非古典主义的本质，将这些女孩们直接带到了 19 世纪 60 年代。连衣裙眼看着就将从身体上整个滑落下来，《去沐浴的仙女》用手紧紧抓住面料的褶皱，用紧握的手勉强压住，而《虚荣》的主人公则将那面消失的镜子竖起来，顺势吊住即将滑落的裙子。在这些作品中，面料和皮肤有着紧密的关联，观众们能在连衣裙那深 V 形的领口处得到最露骨的性体验，因为这领口一直垂到女孩的腹部。连衣裙的领口处设计有一粒纽扣，但它非但没能固定住连衣裙的位置，还一路跌到了腰部以下，在少女的身体上形成了一个印记，与凹陷的肚脐相呼应。

要想理解这些作品，其中一个办法便是尽可能地尝试并复原作品对维多利亚时代的人们的意义。在 19 世纪，脱衣的儿童常被认为是天真无邪的象征，不带任何与性或色情相关的寓意。[3] 例如，阿尔伯特亲王（Prince Albert）曾在 1846 年委托雕塑家玛丽·桑尼克罗夫特（Mary Thornycroft）为其皇室子女创作雕塑像，并作为礼物敬献给他的妻子维多利亚女王（Queen Victoria）。皇室子女被雕塑家描绘成带有古典寓言性质的四季形象。在这种模范家庭的背景下，皇室子女的露肩服饰似乎象征着童年的天真无邪。言外之意是，作为观众的我们，如果在儿童形象身上看出了除天真无邪以外的含义，那说明是我们错了。但是，一些维多利亚时代的人们也觉得这些雕塑出了问题。1847 年，一篇匿名文章引发了人们对意大利北部雕塑家拉斐尔·蒙蒂（Raffaele Monti）一件现已失传的雕塑的担忧。蒙蒂以其精湛的雕刻技艺闻名于世，尤其擅长刻画蒙着面纱的女性形象（Williams 2014）。对该作品的介绍如下：

> 该作品名为《天真》，作品描绘了两名儿童盯着一条蛇看的场景。其中，女孩的头发打扮得像个大人，面容更像是一位成熟女性，而不是孩子。我们看清了内心的愿望，即使是最腐败的英国人都不会出现这一想法，我们对那些敢于承认这一愿望的浪荡公子的顽固意志咬牙切齿。那些能够理解艺术作品的人必须奔赴国内举办的每一场展览，通过这些雕塑看见那些不光彩、不适合展示的思想。

"由来自拉韦纳（Ravenna）的盖塔诺·蒙蒂和拉斐尔·蒙蒂创作的一些雕塑作品"，1847：5。

在这里，对不健康的儿童雕塑的控诉显然是仇外的，对越轨行为的引证需按国家标准执行。安妮玛丽·麦卡利斯特（Annemarie McAllister）研究意大利统一时期英国人对意大利雕塑的印象，她认为英国的评论家会先入为主地认为意大利雕塑所描绘的身体先天就比英国雕塑更性感："与英国那深色、带纽扣的雕塑服装相比，意大利雕塑中的人物都身着颜色明亮、轻薄宽松的衣服，本身就意味着有更多性接触的机会"（McAllister 2004 vol. 1: 59）。上文关于蒙蒂的介绍意义重大，因为即便不是独一份，这段文字也罕见地指出，儿童雕塑也可能带有不健康的元素。文章认为，这些作品体现的外显的肉体元素打破了理想雕塑公认的纯洁这一原则。这在一定程度上体现了当代人对裸体雕塑道德问题的批判。童年和成年之间的矛盾、合法欲望和违法欲望之间的矛盾违背了道德，令人不安。对前文提到的评论家来说，蒙蒂的《天真》可能就是不健康的。

在雕塑制作的那个年代，英国习惯法将性同意的年龄设为 10～12 岁。在 1875 年和 1885 年，习惯法又将年龄分别提高到 13 和 16 岁。在此背景下，意大利的青春期少女雕像，如《去沐浴的仙女》和《虚荣》代表了一种身体和性的蜕变状态，而（男性）雕塑家和观众们积极地参与了意义的建构过程。当代雕塑家不仅试图通过雕塑描绘儿童形象，还试着探索童年和成年之间的矛盾状态。蒙蒂喜欢将女孩和女人这两种因素结合，将她们放置在一起，因而剥夺了部分儿童天真无邪的形象。以这种方式将童年和成年、天真和色情融为一体触及了一个雕塑界争论不休的领域。在这一领域中，对童年、性感、青春期不同人有着各种复杂的反应。一位评论家对上文的回应是"对艺术家的攻击充斥着污言秽语，我们不能让其玷污了我们的专栏"，后来公开发表的言论中再也不见对这一话题的讨论（"盖塔诺·蒙蒂和拉斐尔·蒙蒂创作的一些雕塑作品"，1847：503-504）。然而，净化后的语言并不能使这些大理石雕塑恢复往日的纯洁。

结论

在本文中，我论述了19世纪中叶意大利写实主义雕塑家对雕塑面料的处理方式，这一处理方式对理想雕塑进行了彻底重构，并引发了一种截然不同的与雕塑的情欲关系。细密的缝线、精致的花边和镶边，以及垂摆的衣袖打破了古典雕塑垂坠服饰原本那磨光光滑的表面，营造出一种更强烈的物质感，使现实主义雕塑相较古典作品更具实体感（和触感）。这反过来又使这些由大理石制成的身体表现出情欲，使欲望附着在它们的身体上。而且为它们穿上特点鲜明的现代服饰，这些意大利现代雕塑所刻画的形象立马被带到了当下。衣服上的褶皱、折痕、缝线和纽扣体现出了穿着、制作和触摸的痕迹，承载着从消费主义到制作方法等一系列复杂的当代问题。而对面料的细致渲染是雕塑面料的中心要素。

而这些青春期少女日益变化的身体进一步破坏了理想雕塑中那永恒不变、不可侵犯的身体形象。这为我们创造了一个难得的空间，使我们能够认真审视在青春期会遇到的，会讨论的特殊经历。尽管人们对年轻女孩潜在的性感化感到不安，但他们也承认，这些女孩们本身也在经历着身体、智力和感官方面的变化，其中最直接的体现也许就是她们对接触到身体的衣服和纺织品的反应。作为观众，我们也常将自己个人的观点加注到这些作品中，对面料复杂的渲染使我们开启了一系列可能的联想。这促使观众前往 1862 年的伦敦世博会，去亲手触摸这些雕塑，唤醒他们对面料紧贴皮肤的感官记忆，以及在紧身束腰时代穿着宽松连衣裙的特殊感觉。

注释

1. 我并不是说垂坠服饰不带有多重含义。以让·多伊的《垂坠服饰：视觉文化中的古典主义与野蛮主义》为例，这本书围绕垂坠服饰、商品化和拜物主义提出了许多重要想法。而本文中探讨的意大利现实主义流派的突出特点在于他们将面料具体化、现代化，将面料从垂坠服饰改造为成衣。我认为，这种面料的物质性与面料、制作、触感和身体等概念有关，但又不尽相同。

2. 关于反天主教的论调请见简斯（Janes，2009 年）和康托（Cantor，2011 年）。

3. 现在有许多著作都对维多利亚时期性和童年的主题展开过探讨，包括詹姆斯·金凯的《爱孩子：色情的儿童与维多利亚时期的文化》（1992 年），路易斯·A. 杰克逊的《维多利亚时期英格兰的儿童性虐待》（2000 年）。关于儿童视觉表征的内容请见布朗（Brown，2002 年）。

参考文献

"The Art-Show at the Great Exhibition," *Dublin University Magazine*, August 1862: 141.

Atkinson, J. Beavington (1867), "Art in the Paris Exhibition," *The Contemporary Review*, October: 152–171.

Beattie, S. (1983), *The New Sculpture*, New Haven, CT: Yale University Press.

Brown, M. R. (ed.) (2002), *Picturing Children: Constructions of*

Childhood between Rousseau and Freud, Aldershot: Ashgate.

Bryant, J. (2002), "Bergonzoli's *Amori degli Angeli*: The Victorian's taste for Contemporary Latin Sculpture," *Apollo*, September: 16–21.

Cantor, Geoffrey (2011), *Religion and the Great Exhibition 1851*, Oxford: Oxford University Press.

Doy, G. (2002), *Drapery: Classicism and Barbarism in Visual Culture*, London: I.B. Tauris.

"The Dublin International Exhibition," *The London Reader*, July 8, 1865: 296.

Getsy, D. J. (2004), *Body Doubles, Sculpture in Britain 1877–1905*, New Haven, CT: Yale University Press.

Jackson, Louise A. (2000), *Child Sexual Abuse in Victorian England*, London: Routledge.

Janes, Dominic (2009), *Victorian Reformation: The Fight over Idolatry in the Church of England, 1840–1860*, Oxford: Oxford University Press.

Jarves, J. J. (1879), "Modern Italian Picturesque Sculpture. The Rising School of Realism: Gori, Albano, Carnielo, and Gallori of Florence; their Works and Spirit," *Art Journal*, November: 249–251.

Kincaid, J. (1992), *Child-Loving: The Erotic Child and Victorian Culture*, London: Routledge.

McAllister, A. (2004), "English Representations of Italians in the Risorgimento Period: Their Use in the Construction of Nationality and Masculinity," PhD dissertation, 2 vols., Salford: University of Salford.

Murphy, P. (2010), *Nineteenth-Century Irish Sculpture: Native Genius Reaffirmed*, New Haven: Yale University Press.

"Official Catalogue Advertiser" (1865), *Dublin International Exhibition of Arts and Manufactures, 1865 Official Catalogue*, fourth ed., Dublin: John Falconer.

Olson, R. J. M. (2013), "Art for a New Audience in the Risorgimento: A Meditation," *Journal of Modern Italian Studies*, 18 (2): 211–224.

Penny, N. (2008), "Pietro Magni and his Reading Girl,' in C. Chevillot and L. de Margerie (eds.), *La Sculpture au XIXe siècle: Mélanges pour Anne Pingeot*, 158–164, Paris: Nicolas Chaudin.

Salvesen, B. (1997), "The Most Magnificent, Useful, and Interesting Souvenir": Representations of the International Exhibition of 1862, *Visual Resources*, 13 (1): 1–32.

"Sculpture : the Dublin Exhibition of 1865" (1865), *Temple Bar*, August 15: 55–56.

"Sculpture by Geatano and Raphael Monti" (1847), *The Fine Arts Journal*, June 12: 503–504.

"Some Sculptures by Geatano and Raffaelle Monti di Ravenna" (1847), *The Morning Post*, June 5: 5.

Williams, G. (2014), 'Italian Tricks for London Shows: Raffaele Monti at the Royal Panopticon,' *Sculpture Journal*, 23 (2): 131–143.

扩展阅读

Ascoli, A. B. and K. von Henneberg (2001) (eds), *Making and Remaking Italy: the Cultivation of National Identity around the Risorgimento*, Oxford: Berg.

Hatt, M. (2001), "Thoughts and Things: Sculpture and the Victorian Nude," in A. Smith (ed.), *Exposed: The Victorian Nude*, 37–49, London: Tate Publishing.

对情欲的思考：

我的卧室墙上挂着 562 张描绘维多利亚时期和爱德华时期人物的明信片，明信片上的人们身着西装、游泳衣、运动服、军装，戴布帽和圆顶礼帽等。这些是我的收藏品。我每天晚上睡觉前都会亲吻他们。有时看见我留在上面的唇印，或是因抚摸他们的线条而留在手指上的油脂，我会吓一跳。

奈杰尔·赫尔斯通（Nigel Hurlstone）

3

第三章
缝合

奈杰尔·赫尔斯通

当母亲在烫发时，我在一旁学着亲吻诺玛发廊里坐着等待的男人们。没人知道这件事。我的眼睛直勾勾地盯着角落里的电视机屏幕。英国广播公司（BBC）正在播放由伊丽莎白·泰勒（Elizabeth Taylor）和蒙哥马利·克利夫特（Montgomery Clift）主演的周六午后联播电影，分别是《郎心如铁（A Place in the Sun）》和《夏日惊魂（Suddenly, Last Summer）》。当蒙哥马利·克利夫特那匀称的后背出现在屏幕中，我疯狂地想要换到一脸惊讶的泰勒小姐的位置，她那儿是绝佳的观赏位置。出乎意料的是，诺玛为了帮母亲吹干头发打开了吹风机，顷刻间电视上的所有信号都消失了。一团线条好像永远地抹去了屏幕上的一切。我人生中第一次情欲瞬间被一阵暖风挫败了。

　　当信号恢复时，两位主角变得更加熟络了。克利夫特先生用眼睛绕着泰勒小姐的脸环视了一圈，然后轻轻地探了下头，使脸与她的嘴唇平行。在把她抱向自己之前，他微微张开嘴，以便完成一次完美的接吻，一切丑陋的、破坏浪漫气氛的事情都没有发生。

此后几个月，我都会陪母亲去发廊。周六的午后场再也没有放映这样刺激的影片，但我慢慢开始喜欢上洛克·赫德森（Rock Hudson）和保罗·亨雷德（Paul Heinreid）等好莱坞影星。即使关了电视，我也可以静静地坐在那里欣赏挂满墙面的电影海报，以及铺满咖啡桌的周报上的各种名人。往来的顾客偶尔会指着一张照片，要求理发师剪一个"就那样"的发型。我却望着满是凝结水珠的窗台，端详着名人相框里这一张张醉汉似的脸，一看就是几个小时。

挂着顾客随身物品的衣钩给了我更多猜想的机会。强韧的涤纶雨衣与透着慵懒气息的传世皮草共享着同一空间，上面还挂着一块色彩鲜艳的印花头巾，头巾随着吹风机的风向来回飘动。名人的画像抓住了我的眼球。我偷偷将手指在这片由面料制成的聚宝盆中摸来摸去，将手伸进衣服的褶皱里，想知道这羊皮背面的触感是否和屏幕上男主角一样，想知道他那刮得干干净净的脸是否像丝一般柔顺。

我很快意识到，其他人可能也有像我一样的幻想。每个人似乎都想串通一气，都想要逃离这里，想象去到一个充满阳光的地方，想象着成为伊丽莎白·泰勒或蒙哥马利·克利夫特，即使只是那么一小会儿也无妨。收音机开了，但电台除了介绍在这个"不满的冬天"[1]如何处理垃圾山，以及介绍少去医院的必要性以外，没有其他实质内容。"我这个发色可以搭配那条裤子吗？"一位正在吹着头发，一边在品读泰勒小姐在《大都会》上最新展示的紫色长裤的顾客满心期待地问诺玛。"当然了，伊妮德，"诺玛咕哝着说，"我们都喜欢打扮一番，不是吗，女士们？"

在银箔碎片屑和装满润肤剂的瓶子里，用幻想来中止一个凄惨的现实似乎相对容易些。但在一个周六下午，电影告诉我，相比假装成别人，找出真实的自我更令人兴奋。那天，我人生第一次观看了米高梅出品，改编自弗兰克·L. 鲍姆（Frank L. Baum）的经典电影《绿野仙踪（The Wizard of Oz）》。随着电影故事的发展，我开始意识到，我和这些女人在一起，就像锡人、稻草人、胆小的狮子待在穿着方格布的桃乐茜身边一样安全，而我从荧幕中这对诡异的组合身上获得了极大的安慰。稻草人对桃乐茜说，"这条路真不错"，"走那条路的话我也会很开心。当然了，有些人两条路都会尝试。"我心里明白我的渴望，但更重要的是，在发廊的时候，我也相信终有一天我会勇敢地将想法付诸行动，因为这里的人都英勇无畏。这个邪恶的西方女巫犯了种种过错，似乎像极了玛格丽特·撒切尔（Margaret Thatcher）和处于不同政治派别的女性，她们在矿工罢工期间变得精力充沛、走极端、能够自行商议出台法规条款（最后也因这些条款受到了惩处）。² 但是这些女人也会来发廊做头发。她们会和我一起坐在诺玛的店里。她们谈不上好坏，只是时刻在准备为生活战斗。

当我离开发廊后，我会立马成为一个懦夫。那天晚些时候，父亲的话回荡在我耳边。当我和母亲一起爬进车里的时候，他扬起眉毛问我，一家发廊对一个十岁出头的男孩究竟有什么吸引力。"他整个下午都待在一群女人身边，这不是什么好事，"他皱着眉头喃喃地说，"这会让他变成一个怪人。事实上，任何人都不应该在发廊待一下午。"这是父亲第一次表达出这种担忧，这让我立刻感到坐立不安。空气中弥漫着一股气息，似乎在表达让男孩一直待在女性身边，会使男孩的性取向朝着错误的方向发展。而且不管怎样，不受拘束的女性容易造成更大的灾难。³母亲沉默不语，她把外套的扣子从下往上一个个扣上，一直扣到脖子顶部。父亲将头转了过去，我看见眼泪在他的眼眶里打转。

几十年后，我用当年在发廊观看的电影作为素材创作作品，作品可能和电影八竿子打不着。通过成年人的镜头将对童年幻想的反思表达出来可能会产生误解。反思的过程可能是一段相当线性、一步步规划得很好的旅程，就像《绿野仙踪》中的黄砖路一样，但我的这件作品不是那样的。它试图重新进入一个时空，在这个时空里，"出来"本身意味着一种救赎，就像一群十几岁的男孩在破败的酒馆街闲逛，酒馆里则播放着关于爱的歌曲，在爱的冒险之旅中你要么成为国王，要么壮烈牺牲。我想像个魔法师一样，把那最短暂的瞬间重新变出来。

当然了，我对魔法的期待是，它能够对已有的和未来的秩序做出些许改变，最终后来出现的作品能尝试创造出一些新的东西，这样我就很开心了。我从米高梅改编的《绿野仙踪》电影中提取了一些剧照，将它们印在面料上，然后用机器绣出织物。将这些赛璐珞相框缝合起来，就可以让它置身于脆弱且变幻莫测的电影世界之外。它们成了这个世界静止的一部分，不用通过屏幕即可观看。这些织物屏幕同样具有色彩、图像和神秘感，同时又不像加厚白色塑料或玻璃屏幕那般巨大笨拙。我们被永远地固定在一个相框中，只得用个人灵感的一瞬闪光与电影叙事的一个片段去碰撞。个人灵感可以是之前的一个愿望，经验教训或是观察得出的吸引男人的（可行）方法。

制作这种面料是为了诱导观众一起分享这些奇迹般的例子，（希望能）一起分享奇迹时刻的喜悦。面料的表面经过了重重加工，试图制造出一个能够闪光的"屏幕"。我将金属线和发光线交错使用缝在面料上，使它像稻草人的眼睛和上了油的锡人脸颊一样闪闪发光。这种刻意的设计为的是激起观众触摸的欲望，摸摸面料的起伏、纹理和颜色。当然了，面料在制作的时候需要匠人具有敏感的触觉，体现出与面料的亲密。匠人会摩擦，收缩并在手指间撑展面料，为的是使缝线整齐排列，但这样做也会使面料产生起毛的现象。当针刺穿，缝线拉动面料表面时，面料会以意想不到的方式膨胀和移动。按压的力气太大会撕裂面料，用力太小又起不到什么效果。需要匠人不断抚摸抚平才能最终成形。匠人的抚摸是缓慢而熟练的，是受控制的。当缝合完成，作品大功告成的时候，我向后退了一步。我没让自己上手去触碰，而是站在那里静静观察。面料被悬挂在一家美术馆的墙上。我压抑住我去触摸和感受它的欲望。

但是，这件作品也想通过阻止某个瞬间出现，从而达到在电影结束时延缓观众忧郁情绪的目的。这个瞬间即我们意识到我们坐在同一张座位上，在同一个现实世界，而我们故事世界的旅程行将"结束"。此时，故事中相遇的情节和人物都消失了，突然有一种特别真实的感觉，即在那短短的一瞬间我们被无情抛弃了，像失去了亲人。"结束"就是一种强调，一个结论。它切断了我们的想象，指引我们原路返回。在这一时刻，我们大多数人会流泪，但流下的眼泪通常不会被别人看到，或在不经意间用手指快速拭去。

在这些场景中，演员们也会被"藏起来"。他们被从电影场景中取下，埋在层层缝线和朦胧的雪纺布底下，画面上最终只剩下奥兹国的风光。也许这就是终极魔术：消失法。桃乐茜和她的同伴们去哪儿了？他们应该在黄砖路上轻快地走着，或者在空旷的堪萨斯平原上被龙卷风裹挟着吹来吹去。但和电影观众的眼泪一样，他们也被抹去了。我意识到，在这里，在这个世界，我可以将我的欲望彻底释放。

我开始选择穿着那些能够完全遮住我身体的衣服。我会把衬衫的纽扣全部扣上，包括脖子处的那颗，并用一根结实的领带将衬衫固定好。我还买了一件带刺的二手风衣，风衣的下摆能拖到地上，并用一根扣好的搭扣束住腰。染过色的卷发被藏在了一顶旧的针织帽下。这一套行头下来把我那自认为是不完美的身体完美地藏了起来。这么穿最初的目的是打消人们关于我这个怪人的猜测，因为没人愿意接近一副可能被"患病者病毒"感染的身体。[5] 我不允许任何事"泄露出去"。[6]

但在这么穿着的过程中，我无意中激发了此前无比渴望压抑的欲望。穿着这身超大号的华达呢服装，我感觉出奇的自由，不知何故，原先萦绕在我脑海中的疾病、恐惧和哀悼等幽灵似乎不见踪迹了。就在那一瞬，我获得了充足的勇气和能力来表达我的情欲。

我一直留着这套华达呢服装，这是我自己的"情欲面料"。当我把它从衣柜深处取出来时，它仍旧让我感到兴奋，让我回想起那些匆忙表达的欲望。这套服装与这段断断续续的故事有着密切的联系，无法割断。在这段故事中，过去和未来的事情只能留供猜测和想象。

蒙塔古·格洛弗（Montague Glover, 1898—1983 年）曾拍摄过海量的档案素材，这本书就是由这些档案中精选出的照片和信件组成的。[7] 格洛弗是一位建筑师，也是一位军官，曾因在第一次世界大战中的英勇表现而被授予军功十字章。他还是一位业余摄影师，他有幸与拉尔夫·霍尔（Ralph Hall）维持了 50 年的情人关系。

这些照片从很多层面上看都是不可思议的，但真正使它们与众不同的最主要的原因是，格洛弗通过这些照片记录了他自己的生活。但是，他的拍摄对象从不赤身裸体，或者摆成事后战利品的样子。这些照片根本没有描绘性接触的过程，甚至没有出现裸体的形象。面料的剪裁方式似乎和男人本身一样都是镜头的焦点。他精心地将建筑工人、道路清洁工、送奶工、邮递员，码头工人和农场工人的制服分类，从而将工人阶级的服饰整理成一个系列。

军装形式的服装也出现在这部作品中。照片中是同一群人，他们穿着不同的衣服，这使他们成为各种英雄，并赋予他们另一审美层面的男性魅力，这与追求情欲以及超男子气概的情结有关。这些人对着镜头展露欢快的笑容，或是摆出一副漠不关心的模特姿态。他们穿着鲜红色的羊毛衫，紧身白色长裤和及膝高的闪亮靴子，这靴子看着像糖浆太妃糖一样坚硬、好嚼。

然而，到目前为止，这组影集中最吸引我的是那些格式几乎相同但内容各异的印刷品。这些印刷品是一组男性单人肖像照，他们通常身着不相匹配的制服或内衣摆出各种造型。模特身穿的内衣是格洛弗从家里的化妆盒里翻找出来分发给他们的。这组照片似乎想要描绘一个男人的生活，而这些游戏看起来并不是格洛弗违背模特意愿强加给他们的。拍摄者和模特之间有着明显的互动行为，像是陆军上尉对待士兵一般。紧身背心下，大块肌肉分明的轮廓，隐隐透露了一些感官上的刺激，而平展的马裤则很难罩住非凡的男子气概。从模特的笑容来看，他们也开心极了。

最开始，我并不打算用这些照片制作我的作品，或者制作关于这些照片的作品。我只是坐在那儿静静地欣赏它们。一旦将对这些照片更礼貌的解释从我的脑海中删除，我便能放任想象力疯狂驰骋。然后就发生了一件事。各种媒体上充斥着纪念一战一百周年的活动报道。这些活动主要是由政府发起并资助的，并经过了严格的审查。媒体上将出现各种关于英雄和勇士、牺牲和屠杀、男人和妻子、男孩遇见女孩的故事。最终，出于对性取向平等的认可，英国女王向艾伦·图灵（Alan Turing）[8]颁发了皇家赦免。但围绕这次赦免的过程和故事却遗臭万年，一个投机的异性恋主义者宽恕了一个异类，异类只是因为碰巧擅长破解密码而被判无罪。[9]我决定以格洛弗的照片为灵感创作作品，尝试将平行的生活和经历放进所有流传甚广的历史和文化故事中，这些故事经过我精心挑选，内容丰富。

或者至少，我说服了我自己，这就是我创作的原因。然而，要说愤怒的政治活动是我创作的唯一动机，这种说法有失真诚。格洛弗的照片已陪伴我多时。在格洛弗这间破旧的卧室里，我能想象这里曾经充斥着咆哮声和各种故作勇敢的行为。这些人的照片现在还有，但以后也许就不会再有了。我时常在想，这些照片是否会产生更大的影响，成为重要的艺术品，帮助人们揭露各种骗局，揭示一个人在这一漫长而充满风险的人生中，所展现的非凡之处。

最初，我将这些原本指甲盖大小的照片按照真人比例印染出来。这些照片立刻拥有了巨大的变革能量。模特身上的"服装"细节更加明显，他们的身材特征也更加突出。而且，模特所摆的姿势从印刷平面转移到我卧室墙上的垂直舞台，他们看上去又大又奇怪，像是某种超自然的生命复活了。当我关上灯，我在想，当维克多·弗兰肯斯坦（Victor

Frankenstein）在第二天凌晨看见他亲手创造的邪恶生物时，是否会和我一样感到不安。

当第二天太阳升起时，我并没有感到害怕。醒来时，迎接我的是一队精力充沛、性感而又神秘的男人。有史以来第一次，我感觉他们活过来了，充满活力。当我拉开窗帘，让阳光照进房间的时候，印染模特的面料发生了一丝变化。曾经他们的脸和四肢看起来阴森森的，嵌入并固定在纸上，现在看上去不同了。他们在这种织物上顽皮地摇摆，像是在跳一种集体舞，这样仿佛承认了他们彼此的存在。我想象他们站在一个舞台上，他们每个人的表演不只有摄影师能看到，而是舞台底下有一整面观众席，观众席上挤满了同伴。演员们时而昂首阔步，时而在观众面前撇着嘴。看到所有这些粗劣的表演，观众们可能会拍手称好，可能会用手指指点点。我没法给他们建一座剧场，但我在美术馆的墙上给他们设计了一处舞台前台。最终在公开场合，展示了其服装裁剪、制服搭配。

在任何一个好的剧场里，舞台上的表演者都能被看得很清楚，不管是大幅度地扭动和转身，还是最细微的眼神或触摸动作都能被看到。但这组表演者不太容易被观察到。缝线是用来故意遮挡住他们的形象，打破面料的结构。他们那些失礼的笑容嵌在了一团模糊的刺绣线之下。也许，我这么做是为了把格洛弗本人带到舞台上。我坚持使用这种图案，这种图案会让人想起暗室里悬挂在承装化学物质的托盘上方的曝光时间条。但也许这种遮挡的创意也来自其他地方。这无疑让我想起电视受干扰时的模糊线条，当我在诺玛的发廊试图欣赏蒙哥马利·克利夫特的表演时，这些线条总会打破我的幻想。或者，是我的执拗在作祟，我试图挡住观众们的视线，因为这些印染缝合的面料衣服无疑具有很强的诱惑力，会招致频繁的审查。这些面料和衣服引诱观众靠近，透过图案看清底下的身体，但这也有可能成为一种令人担忧的行为。当被别人看见你盯着这些男人观看时间过长，或者更糟糕的是，在作品旁徘徊时间过长，被怀疑盯着看是为了实施盗窃，这都会造成尴尬。

在看这件作品时，眼睛肯定不能轻松地停在其任意部分。因为缝线不仅遮住了部分图像，还故意在整个表面制造出混乱。本来是私密的幻想，现在变成一种公开的解读。坐下来尽情欣赏吧，不要因其他观众而分心，因为看着他们，你可能会瞥见清教徒惊恐的一面，抑或社会堕落的一面。要知道，别人也在看着你。

如今，到处都充斥着性、名人、年轻人、剥削以及相互指责，每个人的情欲都存在不确定性。性价值观、行为和道德等方面的基本问题，由于以上公开展示私人情欲的做法，变成了人们关注的焦点。过度沉迷于这些展出的模特，又或是表现得毫无兴趣，会让人怀疑是变态，或者性功能障碍。当这些照片在公共美术馆展出时，我变得很紧张。一些模特显然是成熟男性，但另一些还未成年。我想象这些模特已经不再是男孩，而是青年了。我也试着说服自己，如果被胁迫的话，所有这些模特的微笑不会这么灿烂，但我都无法肯定。我能肯定的是，情欲并不是这件作品创作的来源，也不是它想要揭示的东西。情欲是虚幻缥缈、转瞬即逝的。

我们当然可以探讨这些照片是如何包含人类性欲的普遍意义的，以及从事后看，这些照片如何揭示惠特曼（Whitman）、卡朋特（Carpenter）和西蒙兹（Symonds）所提出的思想的。这样讨论起来更容易，也更安全。[10] 然而，向作品灌输这样的解读显然站不住脚。因为这只不过是后期编造出来的说辞，刚开始听着确实像是在道歉，或者至少说这话的人在试图寻找更合适的理由，以便利用情欲，制作并展示与情欲相关的内容。一个更真诚的动机：创作这件作品能把文雅的艺术活动和我的欲望相结合，我希望能够长期地、不受他人打扰地观赏这些模特，同时我也非常喜欢抚摸各种针线和织物，我想把自己扔进面料和织物的海洋里。我和格洛弗一样贪玩。

然而，我也不只是观看。和在发廊一样，我还会伸手触摸，感觉这些照片。我实在太可悲了。他们的脸和身体的轮廓在我的手和工作台之间伸展。尽管偶尔露出无礼的眼神，似乎在警告别人，他们也是有脾气的，但他们的眼睛放着光芒，露齿的微笑使人感到兴奋。他们有的人，手压着臀部，手指抚摸短裤的上沿，或者紧紧握住指挥棒，做出打节奏的动作，或者向空中转动的动作。我认为自己能听到他们在笑，看着他们那可笑的打扮。我又重新开始捣鼓那块面料织物。但到目前为止，他们依然没有生命。

在创作作品的时候，我不断告诫自己，必须有所有这些形象、所有这些触感，这样才能了解我缝合的身体是什么样的，这才是真正"做艺术"。

这种"情欲面料"象征了跨越阶级、跨越经济水平，跨越时代的恋爱关系，它所展示出的内容与主流文化思想相左。在一个崇尚主流融合的社会，情欲面料向外探索，积极拥抱并展示"他者性"。我对情欲面料融入主流圈抱有些许担忧，希望抵制这一进程，因为它不可避免地会吸食并突出其无法吞咽的亚文化，创作实践和内涵象征。

也许我们应该正视情色形象，提醒自己在多样性中也可以发现美，因为从情欲中提炼出的人类本性，不管加上何种伪装都是强大、具有非凡魅力的。从情欲中我们可以了解自身的弱点，同时也能获得力量。我们可以从情欲中创造各种欲望，欲望实现后可以获得快乐。情欲中的我们是最诚实的，也是最脆弱的。情欲无法预测，只能偷偷摸摸，但却影响深远。

注释

1. "不满的冬天"指的是 1978 年末到 1979 年初的那个冬天，其间由公共部门工会组织的罢工活动席卷全英国。

2. 1984—1985 年，英国矿工运动是一次重大的产业行动。当时英国政府想要关停整个煤炭行业，而此次罢工运动是为了防止政府关停煤矿。

3. 迪克斯（Dicks）等人（1998 年）曾对 20 世纪 80 年代英国性别分化和家庭权力结构变化做过详尽的分析。

4. 洛克·赫德森（1925—1985 年）是一位美国演员，因在 20 世纪五六十年代的好莱坞电影中扮演主角而闻名。后来，因出演肥皂剧《豪门恩怨》开启了演艺生涯第二春。出演此剧的还有琳达·伊文斯，她在剧中饰演克里斯托尔·卡灵顿（Crystal Carrington）。1985 年，洛克·赫德森成为第一位死于艾滋病等相关疾病的名人，他的尸体在死后几小时内便被火化。

5. "患病者病毒"这一说法源自杰弗里·威克斯（Jeffrey Weeks）（2007 年 a，16 页）。

6. 英国民意调查显示，在整个 20 世纪 80 年代，男女同性恋者越来越不受正常人待见。1983 年，62% 的人斥责同性恋关系；1985 年和 1987 年，这一比例分别为 69% 和 74%。数据援引自威克斯（2007 年 b，17 页）。

7. 详见加德纳（Gardiner）（1992 年）。

8. 艾伦·麦席森·图灵（1912—1954 年）在破译纳粹密码方面发挥了关键作用，而纳粹密码是同盟国战争实力发挥的无价之宝。1952 年，他因同性恋行为被正式起诉，1954 年被发现死于氰化物中毒。人们通常认定他是自杀。2009 年，英国政府向图灵做出了明确的道歉，时任工党首相戈登·布朗（Gordon Brown）表示"他所受到的对待是骇人听闻的"，2013 年，图灵正式获得皇家赦免。

9. 关于艾伦·图灵所获的皇室赦免过程更详细的解释，请参见赖特（Wright）（2013 年）。

10. 请见辛菲尔德（Sinfield）（1994 年 149 页）。

参考文献

Baum, Frank, L. (2001), *The Wonderful Wizard of Oz*, New York: Centennial Edition, ibooks, inc.

Beckett, Andy (2015), *Promised You a Miracle UK 1980–1982*, London: Penguin Random House.

Dicks, B., Waddington, D., and Critcher, C. (1998) "Redundant Men and Overburdened Women: Local Service Providers and the Construction of Gender in Ex-Mining Communities," in J. Popay, J. Hearn, and J. Edwards (eds.), *Men, Gender Divisions and Welfare*, 287–294, London: Routledge.

Dworkin, Andrea (1981), *Pornography: Men Possessing Women*, London: Women's Press.

Fudd, Diana (ed.) (1991), *Inside/out: Lesbian Theories, Gay Theories*, New York: Routledge.

Gardiner, J. (1992), *A Class Apart: The Private Pictures of Montague Glover*, Bristol: Serpents Tail, Longdunn Press.

Harris, Eleanor (1958), "Rock Hudson, Why He's Number 1," *Look*, March 18: 48.

Mohr, Richard, D. (1992), *Gay Ideas: Outing and Other Controversies*, Boston: Beacon Press.

Ramakers, Micha and Riemschneider, Burkhard (eds.) (2002), *Tom of Finland: The Art of Pleasure*, Cologne: Taschen.

Saslow, James, M. (1999), *Pictures and Passions: A History of Homosexuality in the Visual Arts*, New York: Viking.

Simpson, Mark (1996), *It's a Queer World*, London: Vintage.

Sinfield, Alan (1994), *The Wilde Century: Effeminacy, Oscar Wilde and the Queer Movement*, London: Cassell.

Slade, Joseph, W. (2001), *Porn and Sexual Representation: A Reference Guide*, Vol. 2, Westport, CT: Greenwood Publishing Group.

Weeks, Jeffrey (2007a), *Invented Moralities: Sexual Values in an Age of Uncertainty*, Cambridge: Polity Press.

Weeks, Jeffrey (2007b), *The World We Have Won: The Remaking of Erotic and Intimate Life*, London: Routledge.

The Wizard of Oz (1939) [Film] Dir. Victor Fleming, Los Angeles: Metro-Goldwyn-Mayer.

Wright, O. (2013), "Alan Turing Gets His Royal Pardon for "Gross Indecency"—61 Years After He Poisoned Himself," *Independent*, 23 December.

Part II 第二部分

面料的制作与重作

    在这一部分中，通过对面料进行设计、制作，重作和处理，我们会了解面料是如何展示情欲、如何激起这一欲望的。各个作者时而通过服饰来体现情欲，时而将面料用作我们身体的边界和保护性的覆盖物，从而来抵御情欲。情欲随处可见，它可以存在于面料和服装等物质中，也可以存在于缝合和剪裁面料等动作中。这些动作都表明，面料是一种具有变革力的媒介，可以用来装扮、披垂，变换风格或者根据需求进行定制，从而成为一种性感的存在。面料经过设计形成某种风格，从而突出身着法式长袍女性的性感轮廓，或者体现身着朋克服饰的女性那略带叛逆的风情。织物的类型和面料的使用方式代表了一系列不同的情欲类型：有的是柔软的、性感的、闪亮的，有的则是塑料的或者透明的。面料不同的构造方式决定了其情欲程度：有些面料造型豪华，长度夸张，带有透明的薄膜和装饰层，面料经过精心剪裁，包裹着胸衣，设计有开口，并配以腰带。在以下几个章节，我们将看到，对面料进行设计和构造创造出了一条通往情欲的通道。通过改变缝合的节奏密度、通过面料形状的变化，以及在织物上设计开口和分层，这些作者展示了织物的感官特性，以及面料物质方面的内容。

对情欲的思考：

"情欲"一词让人联想到一种无形的、极其私人的、充满情感的，似乎可以吞噬一切的激情，这种激情渗透在人的身心中。它让人想象到这样的画面：鼓起的半透明面料十分柔软，轻柔地拂过肌肤，性感又迷人。情欲象征着温暖、真实、人性、可控和永恒。

黛布拉·罗伯茨（Debra Roberts）

4

第四章

塔夫绸的沙沙声：触觉在研究和重建 18 世纪法式长袍中的价值

黛布拉·罗伯茨

枯竭的想象力

作为一名历史织物服饰收藏家，这些服饰总会给我带来启发，启发我自己的服装设计。我不仅会被服装的材质、外观和触感所吸引，还喜欢探寻其背后隐藏的故事和历史。亲自上手对这些服饰进行制作和重作能从中召唤出这些不可磨灭的历史故事。旧布的碎片将我们与过去联系在一起，而触觉和物质层面的探索使我们不仅能够发现事物制造的过程和原理，而且能让我们对这些鲜活的、具体的历史故事心生敬畏。本章节以材质为研究重点，通过触摸和共情揭示面料的"秘密"和故事。

里贝罗（Ribeiro）的著作中（1986）曾引用塞缪尔·福科纳（Samuel Fawconer）写于 18 世纪的一段话，这段话集中概括了购买并穿着织物时的激动心情：

在设计这种垂坠服饰时，我们的整个想象力范围是如何不断延伸的。我们是如何东奔西走，寻找不同材料来装饰我们易腐的躯体的。为了补充我们日渐枯竭的想象力，或者为了吸引旁观者的目光，激起他们的嫉妒之心，我们很乐于放弃本就安逸的状态。塞缪尔·福科纳，《现代奢华随笔》，1765 年。

RIBEIRO 1986：95

材质的哪些特性能够吸引人？在本例中，我曾参观了一个古董服装展，展会上展出了一个箱子，我在箱子里发现了一捆丝绸织物。我立刻被这捆织物所吸引，不禁上手触摸。这捆丝绸散发着光泽，摸上去有清凉的感觉。尽管有些褪色，但碧绿和玫瑰红色组成的条纹柔和中透着些许反差。抚摸着这捆丝绸让我对它的产地和制造地产生了疑问。商人说这些织物产于 18 世纪的法国。这让我联想到一个华丽的场景，场景里的人们都身着宫廷服饰，服饰由色彩斑斓的丝绸锦缎和塔夫绸材质制成。我的脑海里出现了这样一个社会，在这个社会里人们喜欢用织物及物品光亮的表面和装饰物来表示等级、品味和道德水平的良莠。这反映出了法国宫廷对社会造成了铺张的影响，而精致的宫廷服饰也因此备受追捧。

这捆织物里包含各种各样的丝绸面料，其中就包括两小块可能是从紧身胸衣上裁剪下来的丝绸碎片。据商人所述，这些丝绸碎片是在法国西南部的一次房屋清仓拍卖中购得的。这引发了我对碎片所有权、来源和保存意义的思考。经与商人、博物馆馆长和纺织物历史学家交谈考证，这种材质为塔夫丝绸，估计是在 18 世纪晚期的里昂编织制作完成的。

从缝线和褶皱可以大致推断出，织物最初有可能是一件法式长袍（sack-back dress 或 la Française）的一部分。有证据表明，褶皱的面料经过折叠，折叠部分颜色磨损较少，并且设计有领口，这说明褶皱是位于背部，所有这些特征都与法式长袍类似。这些被遗弃的面料碎片让人联想到一件曾经完好的长袍和它主人过往的一生。作为一名历史学家，我觉得有必要去探索这段逝去的历史，通过对史实和文献的分析和研究逐步还原历史。更主要的是，作为一个创造者，除了进行这些客观分析以外，我还想要寻求一种主观的、经验性的、物质层面的反馈。与这些织物打交道让我接触到了一位"其他"女性受限制的感觉，她的一生都被织物的细线所缠绕，而这件织物也因此附上了属于过去的活力。作为一名历史学家，我对这些织物碎片进行了理性和情感两方面的分析，两者间的矛盾是推动我继续研究的动力。虽然想象力日渐枯竭，但有了缜密的事实调查作为支撑，我的艺术自我又占据了上风。

这些研究包括对面料进行物理层面的分析，我检索了穿戴者在面料上留下的印记和痕迹。分析的重点集中在长袍的制作和穿着等实用步骤，进而寻找面料背后隐藏的"秘密"，如与制作者、穿戴者和相关人员的关联等。我无法完整还原这件长袍的真实历史，但作为一名"记忆考古学家"（Lowenthal 1985：251），我发现这件长袍的材质能提供一些接近事实的线索。

从曼彻斯特的普拉特大厅美术馆（Platt Hall Gallery）、利兹的罗瑟顿画廊（Lotherton Hall）和伦敦的维多利亚和阿尔伯特博物馆（Victoria and Albert Museum）所收藏的 18 世纪画作、历史文献和档案中可以得知法式长袍的风格和大致尺寸。而在这三所美术馆、博物馆中收藏有大量当时的长袍和裙装。18 世纪的画家安东尼·华多（Antoine Watteau）用画作描绘了穿着法式长袍的场景，他将这些女性放置在浪漫或者情欲的场景中，寓意着法国乡村家庭那田园牧歌式的生活方式。在这幅画中，长袍的背部特别显眼，画家将重点放在女性背后的箱型褶皱上，形似"麻袋"的褶皱营造出一种饱满的感觉。"麻袋"这一说法可能与织物的奢华程度相矛盾，但也体现了面料的用量之多。它就像一种裙裾，从背部一直延伸到裙摆。长袍的领口和紧身胸衣牢牢地包裹住女性的身体，背面飘逸的面料痕迹看上去非常性感。这是一套为吸引眼球而设计的裙装，织物的褶皱和束紧的效果很明显。长袍看似前后颠倒，如此矛盾的设计也暗示了欲望的戏谑性。阿诺德（Arnold, 1977）、鲍姆嘉通等人（Baumgarten et al., 1999）、布拉德菲尔德（Bradfield, 1997）、哈特和诺斯（Hart & North, 1998）及沃（Waugh, 1968）都曾著书立作，这些文献详细展示了箱式褶叠的构造方式、紧身胸衣的形状和剪线的类型，对理解裙装的风格和细节设计提供了非常宝贵的参考。翻阅这些文献让我立刻了解了法式长袍的实际比例、尺寸、颜色和装饰物等特征。

对一件裙子内部的私人空间进行更私密的探索可能会被认为是偷窥和侵犯。这种与穿戴者，以及裙装制造者之间的亲密关系除了体现在面料本身之外，并没有被记录下来。污渍、缝线的走线和改线，以及修补的痕迹为我提供了有用的线索，让我明白了裙装的制造和使用方法。在与织物的接触过程中，我受到了刺点的影响，刺点这一概念是由奥尔默（Allmer, 2009）率先定义的。刺点在织物中起着识别的作用。通过这些刺点，我真切感受到了穿着这件裙装的感觉，这件裙装使用各种样式丰富的面料，通过折叠和缝合包裹住身体，并通过拉紧突出腰部线条，面料整体修长性感，顺着后背一直拖到地上。在重新想象这件出现在过去的服装时，我那日渐枯竭的想象力又一次得到了唤醒。

接下来的调查重点是对碎片进行改造，将面料理解为一种历史信息载体，以复原原先的法式长袍。在对发现的碎片进行分析，并将面料的形状复制到印花棉布上之后，我留意到了一些特殊的标记。随后，我将缝线进行匹配，发现紧身胸衣碎片以外的另一块面料原来只是整块面料的一小部分，属于是裙装左背部分。那么问题来了，裙装的剩余部分都去哪儿了？为何只有这块面料保存了超200年之久？它可能是由于疏忽侥幸留存了下来，或者有人故意将它作为有价值的织物储存起来，以备后来人制作和重新设计时借鉴参考。塔夫绸是一种珍贵的面料，而法式长袍则象征着财富、品位、身份、阶级和时尚消费观，面料的种类和用量体现了一个人的时尚程度。一般只有贵族和资产阶级的女性会穿着法式长袍，象征着她们对礼节、习俗和挑逗的含蓄理解。这种长袍式衣服，一方面展现了女性身体的曲线美；另一方面又遮盖了女性的身体，裙摆的褶皱下，隐藏着性感。

> 织物的作用是遮盖并隐藏住人和物体，但同时也揭露暗示他们（它们）的存在。织物具有可塑性。人们可以将织物进行卷包、悬垂和捆扎。织物让我们无法直接接触到裸露的物体，但它有能力暗示物体的存在，激起人们的兴趣，将他们的注意力吸引到装饰和遮盖下的物体上。
>
> HAMLYN 2012：16

这件裙装的设计风格就是为了诱惑他人，以宫廷私通的方式吸引人。

法式长袍的习惯穿法包括在长袍里面额外穿上一件棉衣作为内衣，从而起到保护穿戴者皮肤和保护丝绸面料的目的。内衣外面还会再穿一件束腰，以更好地固定和塑造身形。随后是衬裙，最后才会穿上长袍。法式长袍的设计既凸显女性的外形，同时又起到了一定限制作用。束腰使腰部尽量扁平，将胸部往上推，双肩向后舒展。将一定长度的面料卷成箱式褶叠，然后设计在后背领口的位置，这样就形成了带"麻袋"的裙装，而箱式褶叠自由散落形成了裙裾。裙子的面料与腰部曲线紧密贴合，同时裙子内部会套上一个环以突出穿戴者的臀部。一般而言，穿戴者会配上一条与长袍相互搭配的衬裙，并把一条轻薄的薄纱或纱布搭在肩上和胸前以遮住裸露的皮肤。但与此同时，这样的穿着会把他人的目光都吸引到这件柔软且对比强烈的服装，以及服装下的肉体上。穿上和脱下法式长袍成了一种富有仪式感和表演性的活动，穿脱会在私底下或者公共场合进行。裙装的选择非常有讲究，不仅因为裙装定义了地位、身份和女性气质，还因为正如琼斯（Jones）所说"体现了穿戴者渴望成为的女性类型"（Jones 2004 :15）。而法式长袍正是一种具有变革性的裙装，穿上了就能成为另外一个人。

面料和配饰的选择、面料堆叠的顺序，裙装遮盖身体和限制身体活动的顺序等因素都会影响人们的注意力，起到增强裙装之下身体诱人程度的效果。身体动作的幅度和挑逗姿势的效果会随着面料的摆动而放大，一个"肉感的世界和一种媚态的语言"（Ribeiro 1986 : 105）因此得以显现。奢华的面料、装饰性的点缀以及长袍的穿着方式都是为了吸引取悦旁观者，满足 18 世纪社交情感需求（Koda & Bolton 2006 : 17）。即使是在最正式的场合，这件法式长袍也展示了绵柔的圆形织物和受约束的身体之间强烈的对比，这种对比具有挑逗意味。

我所发现的塔夫绸面料碎片是用粉色和绿色的暗条纹紧密编织而成的，体现出当时里昂地区丝绸的典型特征。裙装的主人当时可能直接找到丝绸商，从各种五颜六色的选项中挑选购得这匹丝绸。为了定制专属于自己的裙装，她也可能逛了许多时装商店，商店里摆满了各种颜色的装饰品、缎带和蕾丝边。这些时装商店为她提供了一个重要的选择，她可以任意定制服装。

18 世纪的裙装特别注重表面效果和外表的装饰，凭借这些来吸引和刺激他人。通常，穿戴者会添加一些装饰物作为引诱的关键一环，吸引和增强他人的注意力。

设计制作垂坠服饰

通过对文本和档案的研究，我发现，这类丝绸残片更有可能是 18 世纪后期妇女日常裙装的一部分，通常在非正式场合穿着。对一位时尚女性来说，各种活动，例如接打电话、外出就餐、观看戏剧或歌剧、参加舞会或者只是出门散个步等都是其生活中很重要的一部分。女性是既定等级制度的一部分，需要完全了解穿着这类裙装的各种习惯。

法式长袍一般是由专门的裁缝或曼图亚裙裁缝根据穿戴者的体型量身设计制作的。虽然塔夫绸不算是特别昂贵的丝绸面料，但它仍需要花费购买者一大笔钱，因此在裁剪时需要特别小心，以确保浪费率尽可能小。弗朗索瓦·格索尔特（François Gersault）（Arnold 1977 : 6）记录了当时法式长袍的一个常规制作流程：裁缝会亲自测量顾客的身材尺寸，随后将制作好的裙装直接套在顾客身上进行比对或修改。或者，裁缝会将制作好的裙装重新拆散，将各部分进行复制，随后再组装成形。

这种定制服务让我对我手上的这块丝绸碎片有了更深入的理解，原来这些碎片会被进一步剪裁和分解。我知道这块丝绸碎片是裙装的整块左后背部分，其形状与格索尔特记录的图案有明显的相似之处。这一信息帮我理解了这种材料是如何被设计制作成法式长袍形状的，也使我能够通过补全缺失的部分复刻出这件长袍。

重建这件裙装需要首先在脑海里构建一个真实比例的人体形象。面料的材质就像一张羊皮纸，记录着制作者的属地、裙装制作和拆解的原始位置等信息。在我自己重制的过程中，我想起了这块无声面料的过去，通过想象它的过去与现在相遇的场景，使它重新焕发了活力。

我仔细检查了这件织物，借助灯箱的照明效果，仔细触摸并观察，为的是发现隐藏的证据，寻找缝合和未缝合的痕迹。奥尔默（2009）认为，刺点是将光学效果转化为触觉的媒介，因此刺点可以被理解为是"刺""尖刺""标记"和"触感"等内容。奥尔默引用了巴特（Barthe）对刺点的描述，即刺点是一种选择性的感觉，决定了我们会被哪些东西所吸引。缝合可以不带针脚。但是一旦在织物上穿了孔，这些孔洞永远不能被抹去，它们是表面刺点和尖刺存在的证据。抚摸着这件织物逐渐让我理解了其层叠的历史，就像我发现并理解刺点的作用一样。研究处理这件织物让我明白了它的归属。为了保证织物能够完美地贴合身体，每一块面料都会被正式记录在案，面料所经历的各种变化，包括缝合和改针的细节都会被严格追溯。

通过投映这一步骤，织物表面就像一张羊皮纸一样将日常生活中那些微小的活动痕迹体现得清清楚楚。我从利兹的罗瑟顿画廊，伦敦的切尔茨博物馆、维多利亚和阿尔伯特博物馆的服装和纺织品馆长那里得到了专业的建议。经过与他们的探讨证实了 18 世纪裁缝们的制作重点就是为了炫耀织物的美观。我将手上的丝绸碎片与相似面料和风格的裙装进行比对，发现当时的女性很有可能在长袍底下再穿着一件紧身胸衣，而长袍的装饰物也比我想象的多得多。准确估计出遗失碎片的样子难度很大，因为裙装会经过多次改动。但是，既然知道了每件裙装都是不同的，我决定鼓起勇气尝试着去解释已有的物证。在裙装的制作过程中需要耗费大量材料（一件法式长袍可能需要用 13.5 米长的面料制成），这说明材料的价值超过了人工。这也意味着，人们对待裙装的态度以节约为主，他们会对旧裙装进行回收或改动，使之焕然一新。托泽（Tozer）和莱维特（Levitt）曾给出过一个现实的例子，阐述当时的人们是如何保存珍贵的织物服饰，以备将来用的："玛丽·吉尔平（Mary Gilpin）夫人那件'莱洛克睡袍'是用一段淡紫色的丝绸制成的，她将睡袍的缝线仔细拆下并熨平，将睡袍上的装饰物取下并叠好，把它们都放在衣橱里以待下次闪亮登场"（1983：45）。

较长长度的面料先由手工缝制，随后根据个人的时尚品味进行裁剪。除了显眼的褶皱和穿孔条纹以外，裁缝还会加上一些彩色的缎带和蕾丝。当时尚风向转变或体型变化时，织物将被拆开并重新量体裁剪，既改变了原始的风格，也遮盖了之前的身形。"手工缝制的服装价值不菲，这意味着只要有可能，裁缝都会对有用的面料进行修补、重新设计装饰物使服装整体看起来不同，或者增减缝线，使服装剪小以便儿童穿着，抑或整体拆除重头制作（Baumgarten et al.1999：7）。"

根据我的分析，这件胸衣上有一些呈蛇形的缝针痕迹，说明这件胸衣之前曾用面料或缎带进行过装饰。后来又将这些装饰移除了，说明胸衣的主人更喜欢时尚简约的新古典主义风格。胸衣的边缘采用与裙装相同的面料进行点缀，这些面料的长边被缝合在一起，随后做皱并穿孔。胸衣上还有两套不同的挂钩，一套设计在胸衣顶部，另一套明显是后来添加上去的。这件胸衣上还有一些奇怪的现象，比如面料长边的缝线已被拆开，随后又用倒退绣的方式将缝线重新缝合，在那个地方我们可以看到一道松散的走线。很少有人会在裙装缝上浪费宝贵的缝线，让人不禁怀疑改动的背后动机。我猜想可能是对裁缝技能水平的一次检验，或者是一名儿童在学习如何缝线。

在胸衣的背面，靠近下摆的地方，为了修补一处裂口，有人往衣服里面塞进了一块织物。这个地方的缝线缝得很精细，内外条纹很匹配，这次修补可以说很完美，几乎看不到修补的痕迹，从而延长了裙装的使用寿命。胸衣背面裙摆的地方溅有土渍或血渍，这不禁让你猜测是谁的脚陷了进来，进而撕破了胸衣。哈勃（Harper）提醒我们，这些"大事、小事和生命的含义"（Harper 2012：36）都体现在衣服里，衣服是我们日常生活的无声见证者。

在这件织物的顶部，最初设计的是胸衣的领口。我在那里发现了缝合的痕迹，可能还有褶边装饰。这更进一步证明了，褶皱从领口位置开始，使用亚麻线以十字宽绣的方式向下缝合。这些改动的痕迹诉说着这件裙装的历史及其背后的故事。这则故事只有通过与面料更亲密的接触才能更深刻地理解。面料"诉说了一个我们之前从未听过的故事，一个没有开头和结尾的故事"（Manning 2007 :13），还让我们发现了一个中间地带，待我们用想象的现实将其填满。

法式长袍的构造方式是，先将长条状的面料缝合到一起，形成一个巨大的长方形，再一步步仔细地裁剪。亲手将印染好的长条面料缝合在一起，你就能明白操作如此大量的面料需要多大的空间，面料的质量和体积是巨大的。被面料所包围，我明白了吕里(Lurie)的一段评论，即"一件衣服最性感的部分就是其所用的面料"（2000：232）。

在重建裙装及其改动之处的过程中，我使用了当时的制作方法。当试着复制面料，进而重建古董裙装时，我遇到了一些困难，需要我学着掌握 18 世纪的制衣技巧。我需要使用一块差不多质量的丝绸面料来重现面料的垂坠和摆动效果。塔夫绸具有特殊的质感，这种丝绸挺括且光滑，紧密的织法使它能够撑住服装的形状。而当面料摆动时会发出细微的沙沙声，进而引起旁人的注意。以我的能力很难买到足量的旧丝绸。1767 年，芭芭拉·约翰逊（Barbara Johnson）为了制作一件法式长袍订购了 22 码长的淡紫色丝绸（Ribiero 2002: 57）。然而，使用数码印刷的方式将条纹图案打印在一块质量合适的塔夫绸上，这样做能较好地还原长袍的颜色，保证一定的真实度，不失为一种实用且经济的解决方案。

我的这件裙装一半使用了数码印刷的面料，以还原长袍残片的质感。裙装遗失的部分是由普通等级的塔夫绸制成的，上面参照当时的样式复制了缝线的痕迹。这件裙装是由我"发了疯似的手工缝制而成"，算是对当时制作工艺的一种致敬。

一般来说，裁缝可以在 4 天内制成一件裙子，如果需要添加更多细节或装饰物，花的时间会更长。那些与皮肤直接接触的区域，上面的面料需要更紧密地缝合。因为当身体运动时，这块区域承受的压力最大。裙装的长边被松散地拼凑在一起，这是为了方便日后拆开进行清洗或改动。

考虑到风险，我试探性地对珍贵的面料剪下了第一刀。"裁剪是服装这个行当最精细、要求最高的一项手艺，因为缝线可以随时移除和替换，而裁剪一旦出了失误就会破坏这块面料"（Crowston 2001：150）。将原始面料拼接在一起，裙装左背部的大致轮廓已经显现。我将其与沃（1968 年）、鲍姆嘉通等人（1999 年）和阿诺德（1977 年）著作中的样式进行比较，发现与其最接近的是珍妮特·阿诺德（Janet Arnold）书中展示的 18 世纪法式长袍裙装样式（1977: 35）。这件裙装的年份是在 1770 至 1775 年，主人是一位主持人。裙装胸衣的前半部分采用封闭式的设计。珍妮特·阿诺德展示的样式使我能够重建起长袍遗失的部分。裁缝通常会把法式长袍直接搭在穿戴者身上，再根据身体的轮廓设计面料的褶皱。

以上提及的服装参考书，连同对当时裙装的一手观察让我明白了这类裙装的构造。这些裙装均以丝绸织物为面料，缝有条纹和格子图案，前半部分是一件简洁的胸衣，袖子的样式有很多种。装饰物采用同种面料，进行穿孔和做褶，这样装饰物的用途便能一目了然。对裙装内部的调查成了一个分析的过程，为我提供了内部结构和设计选择等方面的信息。

裙装遗失的部分，尤其是袖子需要我将直觉和调查结果相结合才能重现。我决定选用带褶的鸡翼袖，这种袖子的设计在日常服饰中很常见。这是一次意外收获，当我联系那户商家，询问关于遗失碎片更多信息时，她告诉我说她那儿还留着两块面料碎片。那两块面料包括一只完整的袖子，以及一大块像是衬裙的面料。这只袖子上几乎没有改动的痕迹，里面还衬着蓝色亚麻碎布。在参观了威廉斯堡殖民古镇（Colonial Williamsburg）的藏品之后，鲍姆嘉通介绍了罗萨莉·卡尔弗特（Rosalie Calvert）在 1817 年改动她女儿裙子的场景：她"把胳膊底下的胸衣拆开，在那里和袖子的位置各塞进一小块面料"（2002：187）。我在新找到的这只袖子上也发现了类似的痕迹，袖子的缝线已被拆开，而袖子的顶部有人用同样的方式塞进了另一块丝绸面料。我对改动裙子的人充满了欣赏和感激。重要的是，袖子的实际样式和我预想的一模一样。我既不是裁缝，也没法摸透当时裁缝的想法，但作为一名服装设计师和制作者，我对面料能力的理解随着重构这件裙装而得到升华。我慢慢明白了哪些材质应该折叠而不是剪裁，固定用的缝线应该安排在哪里，以及缝线的作用包括哪些。在重建裙装的袖子，重建其结构，重建袖子与身体亲密接触的过程中，我的内心产生了一种压抑不住的冲动，我想把胳膊伸进袖子里，想要体会当时穿戴者的感觉，想要体会有亚麻衬里的织物那种粗糙感。

较大的那块面料集合了裙子的长边，胸衣的部分碎片和一些装饰物，包括五块半宽条形的面料，说明原先那条裙装被拆开后又部分回收了。裙装的下摆衬着象牙色的丝带，这种丝带在原始面料中还是头一回出现。这块面料上还留有双排缝线的痕迹，说明面料上曾经设计有褶边，但现在已经拆掉了。每一块面料上都有一些小的面料碎片附着在上面，甚至还有一些较大块的面料。其他几块面料上缝有一些塞入物，塞入物是由类似于装饰物残片的细小碎片组成的。衬裙里整齐地塞进了一块很像是胸衣另半部分的面料。你能在这些面料中发现无穷无尽的内容。每一块细小的碎片都经过仔细的挑选和匹配，以确保缝合后与原条纹呈现出连续的效果。有人不辞辛劳地拆开了镶边，小心翼翼地把每一小块面料都缝合在一起，形成了一块正方形的织物。然后巧妙地利用小缝线将各部分拼合在一起，使插入的痕迹消失不见。改动裙装的匠人完成了一次漂亮的干预，织物得以加固补强。在某种程度上，在加入一些嫩绿色的丝绸镶嵌物以后，衬裙被加长了，也显得更加饱满。这可能是因为穿戴者怀孕了，或者是为了引领时尚潮流。镶嵌入内的嫩绿色丝绸与原面料形成了强烈的反差，但这不是问题，因为镶嵌物大部分被盖在法式长袍的褶皱底下，几乎看不见。口袋的开口很明显，与长袍整体的感觉很匹配。衬裙和长袍底下都设计有口袋，从外部看没法发现。面料的价值在于，每一块细小的碎片似乎都能得以留存、再利用；每一处小孔或者撕痕都得以修复，以保证整件衣服的使用寿命能够尽可能延长。有人曾对面料的回收再利用做过以下优美的诠释，"即使这意味着要用较小的碎片艰难地拼凑成一大块面料"（Baumgarten 2002：7）。

安稳地坐在那儿缝纫，我的手与面料有规律地发生着接触，这节奏让人昏昏欲睡，但这为我创造了一个思考的空间。这些不是装饰性的缝线，而是用来把裙装拼接在一起的固定缝线。缝制这些缝线时需要特别小心，关注好每个细节，从而保证能够准确复制那件法式长袍。在 18 世纪的法国，存在一个按性别划分的生产体系。当时，女裁缝行会为广大女性争取到了社会身份，使她们拥有强烈的自我意识，她们成了独立自主的城市工人（Jones 2004：80）。18 世纪后期，仅巴黎一地就有约

1万名女性在此工作，从事服装裁剪和缝纫的工作。但是，女裁缝、时装商人，以及配饰配件的销售员之间存在地位上的区别。针对女裁缝的限制是，她们只能用与原服装相同的面料对服装进行装饰。这说明，这件法式长袍裙装是由一位女裁缝做的，或者肯定是由一位女裁缝改动的。女时装商人声称，"相较那些由家庭作坊女裁缝用面料辛苦缝制的衣服，她们售卖的服装高了几个档次，要贵重得多。她们不仅生产服装，还在创造时尚"（Baumgarten 2002：81）。

这些面料成了连接我与18世纪裁缝的纽带。我意识到，当我用视觉重新呈现这件裙装时，穿戴者的身体仿佛也若隐若现。埃文斯（Evans）引用了拉斐尔·塞缪尔（Raphael Samuel）的《记忆的剧院》，将物体定义为"情感的持有者，留有过去的痕迹，是话语的载体，能将其他任何时候的话语带到当下"（Evans 2003：12）。重制这件裙装，模仿裁缝的动作加深了我对这位女性穿戴者体形和身高的了解，使我了解了她与这些面料上褶皱的联系。这件裙装很小巧，所以如果不只一个人穿过的话，她们的体形一定都非常娇小。我试着把这件裙装披在我身上，想象当时裁缝制作这件法式长袍的体验。当面料落在我肩膀上时，我真实感觉到了那名女性的存在，她是如此充满活力。面料包裹着她的身体，顺着凹凸有致的身体，巨大的裙摆下，她那性感的身材显露无遗。

这次重制过程本身就是不完整的，只能部分揭露这件裙装可能的样子，并提供裁缝确实存在的证据。将裙装的细节投映到平整的塔夫绸面料上使我理解了裙装的制作步骤和制作者的意图，凸显了缝线和改动的细节，这些缝线和改动清楚体现了裙装的使用痕迹，并且使我大致了解了这件裙装过去的故事。在重制的过程中，触摸是必不可少的。触摸不仅是对历史的真实还原，还是服装制造者的基本常识。触摸通过一段构建起来的记忆使过去变得生动，并使我"拥有了更接近服装制造者的知识"（Adamson 2013：101）。

一件不完整的裙装也代表了面料的一般状态，用不到的面料会被暂时存放起来，以待重制时使用。展出的这件不完整的裙装可以让观众去想象其各种不同的形态，而不只是把它看作一件道具服装，从而忽略其背后的故事。剩下留待观众猜想的部分更具有暗示性，因为它提高了人们对缺失这一概念的认识，激发了人们对隐藏的想象。这件不完整的作品暗示了裙装的命运，即使被形形色色的人穿过，生命还要继续。这件裙子被悬挂在衣架上，仿佛飘浮在空中，丝绸在光线中若隐若现，因而观众可以看清褶皱的效果。裙装没有与束紧内衣搭配展示，而是可以被视作一种织物，让观众产生遐想，对巨大面料内原本迷人的身材展开想象。

瓦尔特·本雅明（Walter Benjamin）认为，一件物体或一种物质的光环与触觉息息相关，但这种光环会在重制的过程中丢失。然而，在重制这件裙装的过程中，我发现了一种新的光环，这种光环预示着对面料的感知能力具有无限可能，能引发无尽的猜想。那件完整形态的裙装由于历史久远，已无法获取。但在抚摸面料的过程中让我与过去产生了联系。通过对织物和制作过程的了解让我愈加欣赏它的制作背景和各种关系故事。我的重构工作并不是为了完整重现那件法式长袍，而是为了部分还原那段历史，刺激观众的某种感官。这件裙装中有肉体真实存在，我们闻不出织物的气味，而裂缝、污渍和修补的痕迹中处处留有穿过的人的痕迹。通过对史料的研究，再借助想象的力量，试着透过面料与服装制造者和穿戴者拉近关系，古董面料的精髓得到了进一步的升华。一次偶然的机会，我发现面料碎片触发了一段新的私人关系。例如，普鲁斯特（Proust）就曾做过如下描述，"过去就藏在世外某处，在某个实物体（或物体给我们的感觉）中，超出了我们的智力范围，我们对此一无所知。能不能碰到它全凭运气"（Kwimt 等 1999：2）。这块面料使人着迷，通过触摸，更多方面的影响得以显现。我对面料的理解是，它是一种活生生的与我们关系亲密的存在，能激发唤起我们的记忆和经历。苏珊·斯图尔特（Susan Stewart）曾做过类似描述，说我的衣服面料已成为一段"鲜活的记忆，除个人经历以外还储存了其他信息。面料通过感官进入我们的身体，成为某段历史"（Stewart，1999：2）。

史学家负责分析解释关于这件裙装的证据，但其制造者又编写了一段新的历史，为这件法式长袍创建了一个崭新的身份。正如琼斯所说，辨别比单纯的历史分析更重要，因为"某顶帽子或某件裙子的穿戴者的身份不在史学家的讨论范围内，史学家一般只负责研究无声的传统历史文献"（2004：xvii）。

法式长袍不是一件特别实用的衣服，卷曲的长摆限制了穿戴者的活动。这种裙装舍弃了舒适性，强调整体的诱惑力。在纽约大都会艺术博物馆举办的《危险关系》（*Dangerous Liasions*）展览中，科达和博尔顿在布景时介绍了这件将观众目光吸引到女性形体的法式长袍：

梅丽特（Melite）像是穿了一件法式长袍。紧身胸衣和撑裙使身体的自然轮廓更加凹凸有致，胸衣束缚了她的身体，而撑裙则起到了放大的效果。她的这件裙装是用精心装饰、浮雕织锦的丝绸制成的，这样穿搭是为了凸显她暴露在外的颈部和胸部。

2006: 13

为了重制这件法式长袍，我也亲自上手触摸并操纵面料进行制作。从而使我对面料有了"真正的"认识，认识到了面料那强烈的触觉感受。面料，尤其是丝绸上保留了过去的诱惑残余。这件长袍，能看出织物的痕迹，很明显设计故意给人性感的感觉。

参考文献

Adamson, G. (2013), *The Invention of Craft*, London: Bloomsbury.

Allmer, P. (2009), *On Being Touched*, Manchester: Manchester University Press.

Arnold, J. (1977), *Patterns of Fashion 1*, Basingstoke: Macmillan.

Baumgarten, Linda (2002), *What Clothes Reveal: The Language of Clothing in Colonial and Federal America,* New Haven, CT: The Colonial Williamsburg Foundation in association with Yale University Press.

Baumgarten, L. and Watson, J. with Carr, F. (1999), *Costume Close Up*, New Haven, CT: Yale University Press.

Bradfield, N. (1997), *Costume in Detail 1730–1930*, Hollywood, CA: Costume & Fashion Press.

Crowston, C. H. (2001), *Fabricating Women: The Seamstresses of Old Regime France, 1675–1791*, Durham, NC: Duke University Press.

Evans, C. (2003), *Fashion at the Edge*, London: Yale University Press.

Gauntlett, D. (2011), *Making is Connecting*, Cambridge: Polity Press.

Hamlyn, A. (2012), "Freud, Fabric, Fetish," in J. Hemmings (ed.), *The*

Textile Reader, 14–26, London: Berg.

Hart, A. and North, S. (1998), *Historical Fashion in Detail: The 17th and 18th Centuries*, London: V&A Publications.

Jones, M. (2004), *Sexing la mode: Gender, Fashion and Commercial Culture in Old Regime France*, Oxford: Berg.

Koda, H. and Bolton, A. (2006), *Dangerous Liaisons: Fashion and Furniture in the Eighteenth Century*, New York: The Metropolitan Museum of Art and New Haven, CT: Yale University Press.

Kwimt, M., Breward, C., and Aynsley, J. (1999), *Material Memories: Design and Evocation*, Oxford: Berg.

Lowenthal, D. (1985), *The Past Is a Foreign Country*, Cambridge: Cambridge University Press.

Lurie, A. (2000), *The Language of Clothes*, New York: Henry Holt & Co.

Manning, E. (2007), *Politics of Touch*, Minneapolis, MN: University of Minnesota Press

Ribeiro, A. (1986), *Dress and Morality*, London: B. T. Batsford Ltd.

Ribeiro, A. (2002), *Dress in Eighteenth Century Europe 1715–1789*, rev. ed., New Haven, CT: Yale University Press.

Taylor, L. (2002), *The Study of Dress History*, Manchester: Manchester University Press.

Tozer, J. and Levitt, S. (1983), *Fabric of Society: A Century of People and their Clothes 1770–1870*, Powys: Laura Ashley Limited.

Waugh, Nora (1968), *The Cut of Women's Clothes 1600–1930*, London: Faber & Faber.

扩展阅读

Bristow, M. (2012), "Continuity of Touch—Textile as Silent Witness" in J. Hemmings (ed.), The *Textile Reader*, 44–51, London: Berg.

Stallybrass, P. (2012), "Worn Worlds: Clothes, Mourning and the Life of Things," in J. Hemmings (ed.), *The Textile Reader*, 68–78, London: Berg.

对情欲的思考：

对我来说，情欲面料是欲望和具有象征含义的客体。这是一处私密的地方，在那里我可以体验到感官和智力层面的巨大满足。这种由缝纫面料而产生的亲密关系使我能对野蛮的、原始的大男子主义说不，转而体验到一种更深层次的欢愉和快感。

露丝·辛格斯顿（Ruth Hingston）

5

第五章

刺绣师的乐趣：
在充斥着大男子主义的矿场环境中
缝进一个女性身份

露丝·辛格斯顿

在本章中，我将探讨刺绣在西澳大利亚矿区所起的矛盾作用：它既是压制并将女性限定为"家庭主妇"这一刻板形象的工具，同时也为女性的创作自由提供了一个出口。我将探讨我个人的一段亲身经历，在此期间我发现了一位刺绣师的乐趣。同时，我还将证明，这一发现是对那种严苛的、威胁性的，充斥着大男子主义环境的一次直接回应，而我也得以暂时摆脱这种环境。

用刺绣作为对特定环境的回应，我慢慢了解了自己，以及其他不受传统性别角色和行为准则约束的刺绣师们。

卡尔古利（Kalgoorlie）是一个位于半干旱地区的金矿开采中心。20 世纪 90 年代，那里仍以男性为主导，充斥着原始的气息，而女性的生存环境极为严酷。在这种充满压力的男性文化中，难见女性的阴柔气质，因为女性的声音几乎没有出口发泄。结果是，我选择缝纫这种方式来寻找个人的女性气质，用缝纫进行思考。在那个时期，情欲是男性文化的主导因素，但在个人层面，在手工制作层面又体现出不同的特征。我对情欲的解读是有侧重的，我认为情欲是一种强大的抵抗力，其本质就是通过刺绣满足情感上的欲望。

借鉴拉康的镜像阶段（Mirror Phase）理论（1949（1977 年再版）：1-7），我对自己生活在一个父权社会的经历进行了反思，这个社会的特点是，在一个无情的环境中，人只有通过艰苦奋斗才能存活。男人通过开采金矿寻求财富，而女性通过缝纫面料来获得满足。用拉康的话来说，刺绣是一种工具，通过刺绣，人可以在无尽的求索中最终找到真实的及象征的自我，从而满足一种内在的缺失。

加油站的服务员反驳道："如果一个人能凭在超级矿坑开开车就赚到 6 万元，谁还需要接受教育？"1994 年 2 月 10 日，那是一个炎热干燥的夏日，蓝天万里无云，覆盖着整块西澳大利亚那橘红色的大地。在 42 摄氏度的高温下，我的车从珀斯一路往内陆开了 6 个小时，最终达到卡尔古利。我将在卡尔古利学院作为服装课的讲师度过两年时光。当我靠边停车准备加油时，一阵热风裹挟着红色的尘土从车窗外灌了进来。加油站的服务员问我为什么想去卡尔古利。"你看起来有点过于干净体面了，"他评论道，"有一辆矿车有两层楼高。矿车的轮胎和我家房子一样高。不过话说回来，这些矿车还是女人开得更好些，"他接着说道，"在慢车道上上下颠簸，这些矿车可比那些家伙有耐心多了。司机隔 12 小时换一班，每班要开上好几趟。但干这活儿能赚一大笔钱。要是能干司机可比教书好多了，好多家伙也都会选择开矿车。"

西澳大利亚的风景就像缪斯女神一样，长久以来一直是澳大利亚的艺术家们的灵感源泉。这里有鲜艳的色彩、别致的质感、滚滚的热浪和深处内陆所带来的距离感，这些都为艺术家提供了一次难忘的体验，犹如来到了最后的边境。还有一些艺术家来到这里寻找开阔的空间和晴朗的天空，以方便思考和创作。我认为这里对纺织艺术专业的学生来说是最理想的学习场所。

从地下矿场伸出了一个井架[1]俯瞰着卡尔古利主街的北面。一个巨大的露天矿坑，也称为超级坑[2]，占据了城市北侧。卡尔古利也被称为"男人城"。这里有着谜一般的文化，来到这里的人们都陶醉于它的声名狼藉和与世隔绝。大多数去那儿的人是为了淘金。一般来说，用不了几年，他们就能从矿场赚到一大笔钱。你可以选择在这里发家致富，正因如此才有了这个故事。除了以上这些，还有一些故事相比之下就没有那么吸引人了。这里也经常发生家庭暴力、酗酒、吸毒、种族冲突和自杀等事件。这些故事在传统澳大利亚大男子主义面前简直不值一提。20世纪90年代，当我居住在那里时，当时的风气是，男人就应该是强壮无畏的，就应该自给自足，在家里占主导地位，不受任何约束。在卡尔古利，这种思想鼓励男人进行放纵消费。操作大功率的机器，进行破坏行为也是他们的娱乐活动，飞车党[3]无处不在，到处进行恐吓活动。当偶遇一位独自在街上行走的女性时，一车的男人会冲着她喊道，"给我们看看你饱满的双峰"。卡尔古利最著名的那几家妓院，纵使出了再大的事，也能逃过制裁。时至今日，"向酒吧女投硬币"[4]在一些酒吧仍是保留项目。

当我对采矿文化和自然美景之间的动态关系进行观察时，我发现两者的关系十分紧张且复杂。男性和女性之间存在一种原始的、残酷的紧张关系。双方都无法抑制住想要摧毁对方或将对方占为己有的欲望。想要从土地里获得财富的人对掠夺的这块土地充满恐惧。他们常把土地比喻成女人。赶上好日子了，他们管她叫"地球母亲"。碰上坏天气了，他们叫她"一个难对付的婊子"。只有当男人们愿意冒着生命危险时地球才会展示她的财富。采矿是一个危险的行当，矿工们每天都要冒着死亡的危险。矿工们在地下矿井作业时可能会被高盐水⁵弄得暂时失明，或在灌木丛中因缺水而亡。在这种文化里，女人们被狭义地划分为妻子、母亲、妓女或三点式服务员⁶。任何在露天矿井工作的女人都应接受这种过分的男性文化。作为女性艺术家的我很快就在这种文化中被归为"其他"一类。我在那儿工作的第一周，一些男同事会在工作结束后邀请我去酒吧喝一杯，说："让我们一起去喝杯啤酒，朝吝啬鬼投硬币吧！"然而，我并不想参与这种仪式，因为这物化了女性。这对我来说是一个决定性的时刻。因为我拒绝参加这种仪式，这意味着我拒绝接受他们的文化，孤立了自己。现在，我可以站在女性话语的情景看待这些经历，但在当时我做不到。

依据传统，女性不得在矿井⁷工作，而且直到现在女性的就业机会仍十分有限。我在金矿区遇到的大多数女性都想回海滨城市，或者回到她们的祖国。当时这只是时间和金钱的问题。鱼、棕榈树、沙滩伞等形象在她们的衣服或者家居装饰上时常可见。纺织专业的学生也经常在项目中重现这些图案。在这里，只有艺术家会被周围风景那丰富的颜色、独特的纹理和巨大的空间所吸引。我很快就喜欢上了这片土地上各种形态各异的图案，这些图案有的是源自大自然的鬼斧神工，有的则是采矿作业留下的痕迹。

在一个炎热的夜晚，我拿起一小块面料开始缝了起来。只是因为这一个小小的动作，我居然感到身体得到了释放，这让我很惊讶。那是一种平静、舒适、欣慰的感觉，我觉得我的心安定了下来。我的兴趣突然被激发了。我决定不设方向，凭自己的直觉进行缝纫。最后，我开始对表面进行装饰，对面料进行染色、缝合、填充并串珠。我想要制作一块可供我开采的地壳，效仿周围金矿的开采场景。[8]我对手工缝纫越来越痴迷，慢慢沉浸在冥想的节奏里：针头刺穿面料，拉拽针头使线穿过面料，然后穿回来形成缝线。突然，我停下来看着我的刺绣作品。到底是什么吸引了我的注意力？我看到了线的颜色和光泽、由缝线形成的图案、缝线在光滑的表面上编织形成的纹理。我在面料上绣的内容越多，我越感到快乐。这是一种根深蒂固的感觉，这种感觉逐渐强烈、扩散并外化。刺绣成了我表达观点的声音。

在此过程中，我发现情欲是一种亲密且另类的表达。缝线成了一种构建身份的语言，包括女性身份。但更重要的是，这种语言是具体的、感性的、跨越定式的。这是专属于刺绣师的快感。[9]我逾越传统的做法的本质目的在于歌颂这片土地，而不是为了试图否定、改变或剥削它。这种快感源自女性按照惯例做针线活，把这些惯例用作一种媒介，与周围的文化传统抗争。体验这种快感使我得到了极大的解脱。我的刺绣作品在一个充满挑战和对立的地域蓬勃发展。在这个地方，我没有办法真正展示自我。

我的工作是在卡尔古利学院教授纺织课程。卡尔古利学院是一所与西澳大利亚矿业学院合办的地区性社区学校。[10]学校的教职员工负责教授培训课程、资格认证课程和休闲课程。学生一般从当地招募，或者接受远程教学。艺术系的员工经常会到各地出差，对学生的课业进行最终评估。艺术系的学生大多为女性，只有少数男学生。他们来自各种不同的社会背景，对待学业的投入程度也各不相同。这些学生有的高中就辍学了，有的是失业的年轻人，有的还在领社会福利金，有的是飞车党成员，有的是矿工的伴侣或牧民的妻子等。要我说，他们中没一个人能保证获得学位。在矿厂工作为那些教育程度较低的人提供了丰厚的收入。赚钱才是他们的生活重心。他们对正规教育的重视程度很低，更别提非正式的艺术追求了，一些人对艺术追求充满了怀疑和不满。

周末和夜晚我一般都会待在工作室里筹划准备课程。课程准备工作的强度很高，使我无暇理会各种评论和约会邀请。在一所地区性的大专院校任教，我很快意识到，许多学生没有接受过正规的通识教育，也没有亲身参与过创作实践，所以我鼓励这些学生通过对纺织品进行大胆实验从而培养他们的好奇心。那些能产出实际成果的项目成功激起了他们的兴趣。在天气暖和的时候，印染成了他们最喜欢的课程活动。上午，学生可以准备并对T恤进行扎染，利用午餐的时间晾干，下午就能取下穿回家。那些成年的学生尤其享受精心缝合绞染图案的过程。随着学生变得更加投入，他们对课程和工作坊的态度也慢慢变得更加积极，兴致也越来越高。

在这里的文化中，面料是女性的专利。对一些女学生来说，制作被子是一项竞赛。她们有足够的钱去购买最昂贵的面料，然后按照自己的意愿将面料缝合起来相互展示。而对其他人来说，制作的过程只是一种慰藉，为了能暂时屏蔽周围环境的影响。每次进行缝纫时，学生们都会过于投入无法自拔，都想要努力通过缝纫作品重现在其他地方的美好过往。

在我自己的刺绣作品中，准备缝纫时的期待首先激发了我的欲望。选择合适的面料、合适的纱线、合适的针头，然后从五颜六色的棉线中选择一种颜色开始缝上第一针，在此过程中，我的喜悦值慢慢累积。面料的外观、触感和味道激发了我缝纫的欲望。我需要照顾到每一个细节，我的快感就来源于这时的柔情和愉悦。这些各种细节都与我所遇到的咄咄逼人的男子气概背道而驰。达瑞安·里德尔（Darian Leader）曾对这种现象做过观察，并说道，"欲望本身会从这些小细节中显现出来，而拉康则坚持认为我们要追捕欲望，要在字里行间寻找欲望，事实是这些地方欲望最不容易显现"（Leader & Groves 1995：84）。因此，如果说缝线是一种语言，那么缝纫的动作就承载了一层重要含义。通过缝合上一个我能够辨识的形象，刺绣作品就变成了拉康镜像阶段论中所谓的外部形象（External Image）了。但是，据拉康所说，外部形象永远无法充分反映你所寻找的内容，所以我不断逼自己创造新的形象。拉康所说的"对形象客体多情的迷恋"（Laplanche & Pontalis 1973：256）完美阐述了我的这些行为。在拉康的象征世界里，一处缝线和一个刺绣形象都可以被视作能指者，因为两者都是为了满足想象界的欲望。每一件新的刺绣作品又成了外部形象新的能指者。

在卡尔古利，我对女性表征形象的搜寻引导我探索了周围的风景，用非文字的形式对地表的细节和采矿对土地的影响进行了描述。首先，我从周围的环境中收集了一些物体。和缝线一样，这些物体先成为了能指者。我参观了废弃的矿场和老旧的工作场地，发现了一些早期被探矿人丢弃的物品，如纽扣、瓶子、餐具、罐头，以及带有 19 世纪欧洲精致图案的陶器碎片。我被一座位于废弃小镇的矿工小屋吸引住了，这是一座粉红色的瓦楞铁皮房。窗台上用白色的扇形进行装饰，扇形装饰物是用扁平的波纹铁皮切割而成的。我经常会在我的作品中使用这一形象。

离开了矿工的工作场所后，我发现了其他更温柔的女性存在的痕迹。在金矿区散落着一些小墓地，有些墓地还在使用土红色的墓碑，并配有丧葬装饰品。我被这些美观的铁质蕾丝装饰所吸引。有一次，我在一个墓穴上的玻璃容器中发现了一件瓷器，瓷器上刻有白鸽和玫瑰，但现在都染上了粉红色。这些物品诉说着粗野男人的女性柔情，他们在寻找黄金的过程中失去了伴侣，为此感到悲痛不已。这些女人的坟墓让人觉得有一种莫名的心酸：这些女人在分娩时难产而死，或者死于家暴，与死于丈夫嫉恨的日本妓女相比，她们的坟墓很相似。

我所搜集的纪念品和拍摄的照片都是更亲密女性存在的符号形式，但对自我身份的探索仍未停止，一种跨越本身男性性别的感官认知。后来，收集到的这些物品成为我刺绣作品中经常出现的基本图案。再往北走，在皮尔巴拉（Pilbara）有一位叫简·贝利（Jane Bailey）[11] 的刺绣师，她也曾描述过一段与我类似的经历："卡拉萨（Karratha）常年干燥，拥有沙漠一般的风景。它的优势很明显，景色也很别致，但同时它似乎也渗透着一种诡异的感觉，似乎向我传递着一个信息，告诉我说我不属于这儿。"她接着说："手工刺绣使我更接近拥有预计中的情感。我感觉通过刺绣我将更多的自我成分投射到这件作品中，这种感觉从我的心里传递到手上，传递到织物上。"她总结说，"我一直都很喜欢织物，但我选择进行刺绣的主要原因是，作为一个女人，我和这些工具天生就有一种亲近感，仿佛一家人一样。我认为，刺绣和织物理所应当地就应该与女性和女性气质联系在一起"（Rogers 1992 : 11）。

　　早期女性主义文学作品承认了一些传统女性追求的合法性，比如女性可以进行刺绣，同时努力尝试将女性从被动和压迫中解放出来。罗兹卡·帕克（Rozsika Parker）的论述同样适用于澳大利亚的情况，她写道，在 19 世纪，"一方面，女人们可以通过刺绣展现女性的自然特征，如忠诚、情感、品味和对家庭的奉献精神；另一方面，刺绣也是一种工具，使用这种工具能使女人抹去身上不符合女性气质的方面"（1984: 164）。这一想法在当时阅读这些文学作品的女性群体中流行扩散开来。在男性欲望的驱使下，刺绣被用作女性行为的能指者。当男人们收到一块手帕作为礼物，手帕上精美地绣着一段文字，结果发现文字内容是关于澳大利亚妇女权利的诉求，或者是露西尔·卡森（Lucile Carson）对她姨妈参加 20 世纪初悉尼政治活动的回忆录[12]。我能想象当时男人们脸上那吃惊的表情。在履行社会职责的同时，女性利用精湛的刺绣技巧来传达她们的诉求。澳大利亚的政治法律将女性贬为二等公民，当地的妇女参政论者希望通过与法律抗争的形式在政治进程中大声说出她们的诉求，希望获得法律认可。当立法承认妇女的政治权利时，她们欢呼雀跃。我在想，当时她们是否也体验到了刺绣师的快感？

　　即便是在 21 世纪，刺绣在澳大利亚经常仍被视为一种传承自过去的女性被动消遣。电影作品常将刺绣与早期澳大利亚殖民美德，或战后国家建设联系在一起，从而使刺绣艺术变得浪漫起来。不管在哪个时期，缝纫都是强化妇女国内地位的有效工具，因为妇女同样也参与了文明社会的建设和维护。

　　现在的澳大利亚媒体仍在向女性呈现这些社会角色。通过出版和广播各种故事，媒体将缝纫与培养女性主义人物等同起来，这些女性无私地为家庭成员量身缝制各种衣服，为不幸的人缝制耐用的物品。[13] 这种对刺绣和实用性缝纫活的看法不断强化着传统的，关于性别角色的保守观点。著名的改革家弗洛伦斯·南丁格尔（Florence Nightingale）将刺绣描绘为"女性主义理想强加给女性的各种约束症状"（Parker 1984：165）。对此我有不同的看法，我认为刺绣拥有一定的解放能力，它为男性和女性提供了一个探索、渴望和表达的空间。

正是在这种充满矛盾问题的背景下，刺绣有了支持者和反对者。帕克总结道，"刺绣的批评者和捍卫者们都是对的。刺绣既是囚禁也是抚慰的诱因"（1984：151）。这是当代刺绣师都会遇到的紧张矛盾，他们参加了一种被大众视为保守习俗的活动，但在如冥想般有规律的缝合过程中也收获了真正的享受和安慰，他们享受这种智力层面的挑战。他们在两种立场之间摇摆不定，要么乖乖服从惯例，要么把每一针当成对惯例的异议和反叛。在通过缝纫找回身份的过程中，刺绣师的快感是一种复杂的体验，过程中既体验到了秘密的羞耻，又体验到了变态的愉悦。当仅仅满足生活的需求不能满足一个人的欲望时，他会跨越当代职场的法则，在刺绣中寻找快感。它成了一个解释学上的螺旋。

作为一种反抗和无声抗议的行为，刺绣进而将快感解释为一种不服从的行为，这一解释可能与常规的针线活规则相背。莫林·戴利·高金（Maureen Daly Goggin 2014）曾发文介绍过"刺绣促进和平"（the Bordados por La Paz（Embroidering for Peace））运动，这是一个社区项目，主要是为了抗议美墨两国在打击毒品的战争中不断发生的残酷暴力行为。受害者的家属、朋友和活动支持者被邀请绣手帕，每一块手帕都是为了纪念一位毒品战争的受害者。2011年，各地的刺绣师在墨西哥城的主要广场上汇合，共同在巨大的白色手帕上进行缝纫。每一条红线代表着一位死去的受害者，而绿线则表达着一种希望，希望死去的受害者仍以某种形式活着。每一位受害者的姓名，连同死亡或失踪的细节都会被手缝在手帕上。这次抗议活动很快升级为一个合作项目在墨西哥国内蔓延开来，随后又蔓延到世界的其他城市，人们共同缅怀在毒品战争中逝去的生命。高金观察发现，"通过将文字和图像缝合到手帕上，这些刺绣行业的积极分子试图通过给每一位本不知名的受害者画一张脸的方式来消除暴力，为和平辩护。他们希望人们能对战争的可怕结果进行反思。他们还希望给那些遭受了厄运的人以尊严和尊重"。刺绣那轻柔的动作治愈了那些参与缝纫活动的人们的内心。通过集体缝纫的活动，刺绣师们创造性地利用了刺绣的优势，既对谋杀活动进行了抗议，又治愈了社区居民的伤口。高金将这些刺绣活动的影响总结为："每一块手帕都浸满了无数相互冲突的创伤情绪，他们愤怒、绝望、抗议、不安、不知所措，但通过缝纫也体验到了爱、渴望和释放。""刺绣促进和平"活动为刺绣师们提供了一次难得的机会，让他们能体验拉康口中的享乐。他们利用自己的刺绣技巧呼吁结束暴力和苦难。缝纫所带来的喜悦盖过了苦难，释放出了一股创造性的能量，这种能量混合了以上所有强烈的情感力量。

我时常会被金矿区那原始的自然美景所吸引，同时也敏锐地意识到这块土地在不断被开发。2015年，卡尔古利原本喧闹的机器声似乎快消失了。世界经济局势改变了澳大利亚的矿业地位，其他西方国家也出现了类似的矿产。甚至飞车党出现的频率也降低了。女性大都是家庭主妇的这种理念也发生了根本性的变化。现在的超级矿坑中，女性占总劳动人口的比例达到了 50%。除了卡车司机以外，她们也承担其他的工作。但"三点式服务员"仍是卡尔古利酒店娱乐业的一大特征，而妓女们仍站在妓院门外卖力地吆喝。说明这个地方还是那个荒芜的法外之地。现在，我们有了一种更多样化的身份认定方法，人们的身份不再通过受限的性别角色进行定义区分。当我在卡尔古利工作时，性别是依据哪方占主导地位进行区分的，这种二元区分方式是简单粗暴、带有偏见的。因此，我拒绝参加某些当地的女性仪式，这在当时是一个特别大胆的主张。当时，流体身份的概念还没有在学术圈或大众群体中传播开来，更别说在西澳大利亚的工业矿区了。

我继续着我的刺绣活，有时还有意体现一些抗议的声音，所以我的快感又回来了。我现在正在探索变化对澳大利亚另一处地区的影响：堪培拉地区亚高山带的景观不断变化，我将对此的抗议绣进我的作品中。城镇地区不断发展，面积不断扩大，已经破坏了早期的农田，整个吞噬了原始灌木栖息地，使原生草原彻底消失。欧洲来的兔子对澳大利亚的土地造成了巨大的破坏，砍伐森林对水质造成了影响，我对这些变化提出了自己的抗议，并将抗议绣进作品里。

在我写下这些文字的时候，卡车和推土机正穿过街道，准备将学校的旧址拆除。学校最初是一块天然草地，常有袋鼠在这里吃草。后来建成了一座政府实验农场，再后来成了一所小学。而现在，这块地要建起300 间丑陋的城市公寓。我的手指莫名感到了刺痛感，我开始寻找面料，选择织线。我能感觉到另一次享受快感的机会来了。

注释

1. 井架：地下矿井顶部用于支撑卷绕设备的结构。《麦考瑞词典（Macquarie Dictionary）》（1998 年）。

2. 菲米斯顿（Fimiston）露天矿坑是当时南半球最大的露天金矿。超级矿坑由卡尔古利联合金矿公司所有，最终矿坑尺寸为 3 500 米长、1 500 米宽、700 米深。

3. 飞车党是一家非法摩托车俱乐部，经常为有组织的犯罪集团打掩护。

4. 酒吧顾客们会试着向服务员的乳沟投掷硬币。如果硬币成功掉进乳沟里，服务员会短暂地向赌客们露出她的胸部，酒吧顾客称之为"乳头闪现"。

5. 高盐水的盐度是海水的六倍。它能渗透进岩石，滴到地下隧道里的矿工身上。

6. 三点式服务员指的是只穿着最少内衣的酒吧服务员。

7. 矿业有一个流传久远的迷信，说是只要有女人踏进矿场就会带来厄运。

8. 根据《简明英语词典》（1976 年）："作业场所：矿业、采石业等正在使用或已使用过的场所。"在西澳大利亚，作业场所指小规模操作场所。

9. 对拉康来说，快感是从遵守法律和违背法律两方面的体验中获得的。这是一种愉悦，也是一种羞耻感，一种下流的感觉。快感是一种甚至达到痛苦程度的愉悦体验。当一个人在履行道德义务，实现一个美好且高尚的理想时会感到愉悦。违法时也会获得愉悦和享受。传说中澳大利亚那些不守规矩的人（larrikin）经常能体会到这种违法的愉悦。（"larrikin"是澳式英语中对一种人的称呼，他们通常是男性，其行为完全罔顾社会或政治惯例，喜欢喧闹和恶作剧。）

10. 卡尔古利学院和西澳大利亚矿业学院后来合并为科廷大学（Curtin University）的一个外部校区。

11. 简·贝利，由罗杰斯采访（1992 年），《场所感：当代针线活》，悉尼：安格斯与罗伯逊出版社。

12. 露西尔·卡森，口述历史，由作者本人采访（2016 年），于澳大利亚堪培拉。

13. 简单的缝纫项目为巴布亚新几内亚的女学生带来了自信，（电视节目）ABC，2016 年 4 月 13 日。（访问时间：2017 年 1 月 25 日）。

参考文献

Carson, L. A. (2016), oral history, interviewed by author, January 26, Canberra, Australia.

The Concise Oxford Dictionary (1976), 6th ed., Oxford: Oxford University Press.

Goggin, M. D. (2014), "Threads of Feeling: Embroidering Craftivism to Protest the Disappearances and Deaths in the "War on Drugs" in Mexico."

Lacan, Jacques ([1949] 1977), "The Mirror Stage as Formative of the Function of the I as Revealed in Psychoanalytic Experience," in Ecrits: A Selection, ed. A. Sheridan, 1–7, London: Routledge.

Laplanche, J. and Pontalis, J.-B. (1973), *The Language of Psychoanalysis*, New York: W. W. Norton and Co.

Leader, D and Groves, J. (1995), *Lacan for Beginners*, Cambridge: Icon Books.

Macquarie Dictionary: Australia's National Dictionary (1998), 3rd ed., Sydney: Macquarie University.

Maddison, M. and Kesteven, S. (2016), "Simple Sewing Project Provides Confidence to School Girls in Papua New Guinea," Australian Broadcasting Corporation.

Parker, R. (1984), *The Subversive Stitch: Embroidery and the Making of the Feminine*, New York: Routledge.

Rogers, J. (1992), *A Sense of Place: Contemporary Needlework*, Sydney: Angus & Robertson.

对情欲的思考：

如果我穿着一件韦斯特伍德设计的衣服出现在一个挤满人的房间里，他们无疑都会看向我。这件衣服的灵感来源于绷带。尽管我的身体被各种扣子和带子绑住了，但在自信领域我感觉获得了自由。我觉得自己变成了一个完人。

马尔科姆·加雷特（Malcolm Garrett）

6

第六章

直面时尚：如何凭借以性、朋克和恋物为导向的服装进入主流时尚圈

马尔科姆·加雷特与爱丽丝·凯特

访谈实录

马尔科姆·加雷特是一位常驻伦敦的设计师，他的职业履历很丰富，做过唱片封面，搞过互动多媒体，创办过数字杂志，也拍过电影。[1]加雷特积极参与各种亚文化的活动，涵盖音乐、时尚、政治、性和艺术，这些亚文化元素在 20 世纪七八十年代被称为"朋克"。嗡嗡鸡乐队（Buzzcocks）1977 年的唱片封面就是由加雷特设计的，当时在唱片封面的平面设计方面树立了一个标杆。这次访谈先后探讨并回顾了加雷特的个人经历、他在平面设计领域的突出贡献，以及朋克元素在设计领域的广泛影响。他收藏了大量薇薇安·韦斯特伍德（Vivienne Westwood）设计的男女装，他说道："30 多年来，我一直在收藏她设计的服装。1978 年，我买了第一件她设计的衣服，那是一件黑色釉面紧身棉夹克。"（马尔科姆·加雷特与爱丽丝·凯特访谈实录，2015）[2]加雷特

第六章

直面时尚：如何凭借以性、

渴望收集到含有自己喜欢的文化历史元素的物品，这说明薇薇安·韦斯特伍德所设计的服装具有很强的可收藏性，她大胆的风格已成为一种商品。有一群人通过收藏来体现他们是"20世纪最后25年最重要的文化现象"（O'Neill 2006：382）开创者身份，加雷特便是其中之一。加雷特向人们展示了，处在当时的政治环境中，如何将生活的内容缝进黑色牛仔裤、宽松的印染捆绑装备和紧身黑色乳胶裙的接缝里。加雷特曾亲自穿过这些服装，当时广泛的社会运动也对他产生了影响，这种影响一直持续到现在。因此，他设计的朋克服装体现出了情欲的美感。

爱丽丝·凯特（以下简称AK）：为什么你认为朋克在20世纪70年代是一种具有颠覆性的亚文化？当时还发生了什么？还有为什么设计穿着性感的服饰是表达年轻、反抗和不服从的重要方式？

马尔科姆·加雷特（以下简称MG）：我倒并不是被服装本身的性感所驱使，而是我意识到，当时的社会主流接纳并支持一种对性感和身份的新的态度。当"性手枪"乐队宣称英格兰的青年"没有未来"时[3]，英国上下到处弥漫着反抗的声浪，你可以将这种声浪理解为对当时社会现状的回应，也可以理解为一种"虚无缥缈的"共鸣。当时，年轻人群体普遍感到无力和不安。20世纪60年代嬉皮士们的理想正逐渐消亡，而摇滚乐，这种甜腻的、60年代摇摆流行乐的孩童版本占据了排行榜榜首。当时的人们对日常生活表现出明显的不满。在令人窒息的政治气氛中，体面得体是一种常态。当顺从和清醒遭到国内广大民众的强烈抵制和反对时，朋克逐渐登上了历史舞台。当时的人们只有一个共同点，那就是对媒体肤浅的报道深恶痛绝。

虽然有不同的出身和态度，"朋克乐迷们"因一种一致的感觉聚集到一起，这种感觉就是他们与其他人不同。作为除主流文化外的另一种选择，朋克凭借其混乱且"自己动手"的方式从而获得了解放。突然间，每个人似乎不是在一个乐队里，就是在组建乐队的过程中，那真是一个令人难以置信的激动时刻。朋克文化鼓励你接受自己与他人的不同，并创造一些东西。你可以每个礼拜更换一次发色，或者将你的衣服剪下来，再在上面写字。人们都在用自己的方式对自己进行试验。通过对排版和图像的挪用和重塑，表达你的个人主义，因而一种新的、独特的图形语言出现了。

当时人们的态度是非常顽皮且带有实验性的，人们将文化符号和图像从原来的情景中剥离出来，改变其含义。例如，苏克西与女妖乐队就汲取了纳粹符号学的灵感，创造了具有冲击力的文化价值。[4] 性意象在这种包含反抗和冲击的图形语言的发展过程中也起着至关重要的作用。时尚的性本质需要与朋克文化发生关联，这是非常重要的。

AK： 在朋克文化的演进过程中，压迫和挫败感是常见的情况。你能描述一下，在那个年轻人极力反对的社会，服装中的色情元素是如何对当时的社会做出激烈的回应和嬉闹的颠覆的？

MG： 当时不同的艺术领域，包括音乐、表演、视觉艺术和时装都融合在一起，创造各种混合的群体，这些人勇于探索身份，探索性的力量。朋克是享乐主义和侵略性的混合体，其内涵丰富。性图案被用来体现一种亚文化。性呈现的方式很有冲击力，性被用作一种抗争的武器。它成了社会挑战的图腾象征。

马尔科姆·麦克拉伦（Malcolm McLaren）和薇薇安·韦斯特伍德所有的，位于伦敦国王大道 430 号名为"性"的成人用品商店是朋克文化的集中体现。由性手枪乐队的早期成员穿着演出，由此获得了名声。商店的店名和招牌用紧实的粉红色乳胶包裹着，这种情色美学给这些激进的年轻音乐家注入了魅力和刺激。他们成了小型革命的先锋队。

该乐队常被错误地称为"The Sex Pistols"，乐队成员出于挑衅和反传统的目的，有意舍去了"The"这个词。定冠词的使用只能通过唤起对历史上先例的回忆而起到限定作用，单独将性手枪用作乐队的名称故意营造了一种过时的感觉。科西·范尼·图蒂（Cosey Fanni Tutti）[5]和简尼西斯·普奥瑞杰（Genesis P-Orridge）组成了名为"库姆传输（COUM Transmissions）"的表演艺术团体，后来在 1976 年正式成立乐队"跳动的软骨（Throbbing Gristle）"。该组合希望以一种迄今为止从未出现过的方式提出具有挑战性的反社会问题。他们通常在与音乐无关的场所（如学校、美术馆和社区活动中心）进行表演，从而模糊了艺术、表演、电影、音乐和娱乐的界限。

1976 年，他们在伦敦当代艺术学院举办了一场展览。科西具有独特的见解，她突破了表演艺术[6]的传统界限，故意使用身体感官与各种不同的媒介进行接触，从而探索颠覆社会得体行为的方法[7]。媒体界将他们描述成"文明的破坏者"[8]。后来，在"性手枪"乐队登上比尔·格伦迪的节目后不久，媒体又给该乐队冠以"肮脏和愤怒"的标题。

跳动的软骨乐队另一特点是表演时发出的噪声对身体的冲击。声音会直接影响你的感受，因而也起一个感官的作用。在最近一次的采访中，科西描述了"克里斯·卡特（Chris Carter）调制扬声器的方法，通过这种方法，我们可以为在场的人调整频率。而他们对频率的不同回应方式同时也在创造音乐，这样你就可以让这个循环继续下去：你开始了某件事情，因此得到了一个回应，如此循环往复，从而构建起整场演出"。[9]

AK: 你对当时那些演出的感受如何？你的工作和生活是如何融入这一场景的？

MG: 我的感觉是，20世纪70年代英国那沉闷单调的棕色立马被迎面而来的粉色荧光所吞噬。1977年发生了许多社会活动，这些社会活动就像一场永不停歇的旋风。人们的工作和生活之间的界限完全模糊了。一周中几乎每个晚上我们都在演唱会或派对上度过。我们很少出入酒吧，因为酒吧里的当地人很可能因为你的奇装异服而把你胖揍一顿。当我回想起当时的场景时，我感觉一切似乎都是同时发生的。但事实是，我描述的是一系列相互关联的事件，这些事件都发生在1976年底到1977年初的这几个月里，并影响了我此后的人生历程。在那个阶段，我的生活被重塑了，我的精力被指引向了其他地方。这反映出朋克会对文化和社会造成结构性的转变。过去的人生中哪些影响是重要的，与将来相关的，我对这些影响的选择变得十分挑剔，因为好像我需要对一些事物进行重新评估。这段时期成了我人生的"元年"，我将过往的一切全盘否定，否定了它们的表面价值。

其中一个关键性的事件是，我曾在1976年至1977年的圣诞假期前往伦敦参与一项为期3周的实习项目，并很快熟悉了伦敦当地的新兴音乐类型，认识了埃迪和热棒乐队（Eddie and the Hot Rods）、The Damned组合、碰撞乐队（The Clash）、Generation X乐队，当然还有"性手枪"乐队。我在1月初回到了曼彻斯特，当时就感觉拥有了一个完全不同的参照系，也使我的转型获得了充足的动力。

林德（Linder，林德·斯特林（Linder Sterling）或林德·穆尔维

（Linder Mulvey））是我的密友，当年他正在曼彻斯特理工学院学习插画。当时，林德将 G 计划（G-plan）厨房图片与家庭场景配对结合起来，从而创建出摄影蒙太奇，就像"嗡嗡鸡"乐队的唱片封面那样。林德（和许多其他人一样）在看过 1976 年夏天"性手枪"乐队在莱塞自由贸易厅（Lesser Free Trade Hall）举办的传奇演出后整个人发生了转变，而这些图片作品也反映出了这种转变。林德抛弃了她的两件套毛衣，转而穿上了一身黑色的聚氯乙烯连体服。没过多久我也赶上了她的步伐，我原本那些亮眼的后嬉皮士风格的服装很快被从二手店购得的，或者由高街服饰改装而来的服装所取代。

> 衣服上那些破洞和那些令人不适的设计其实是为了体现异域风情，而不只是作为新事物的一部分。

奥尼尔 2006：385

正是通过林德我才得以认识嗡嗡鸡乐队，他们是为了支持"性手枪"乐队而组建的。[10] 他们自筹资金并录制完成了《螺旋抓痕（Spiral Scratch)》这张慢速唱片，并在他们位于索尔福德（Salford）下布劳顿路（Lower Broughton Road）的合租房内进行售卖。当时，我和一位名为约翰·麦吉奥奇（John McGeoch）的美术系学生兼吉他手合租了一套公寓。1977 年初，我们举办了一场派对，邀请了林德、嗡嗡鸡乐队的霍华德和皮特，以及乐队的新任经理理查德·布恩（Richard Boon）。皮特·雪莱（Pete Shelley）用约翰的吉他演奏歌曲一直到深夜。当时，霍华德已经决定离开嗡嗡鸡乐队，但那之后的下个星期，他和约翰开始在一个新的乐队一起演出，乐队的名字是"杂志乐队（Magazine）"。

和几千名乐迷不同，我当没有亲眼见证在莱塞自由贸易厅进行的演出。[11] 事实上，我从没看过一场"性手枪"乐队的现场演出，但我确实尽我所能去看了许多新兴的朋克乐队的演出。1977—1978 年在曼彻斯特的这段时间，不管在个人层面、社会层面还是作为设计师的成长方面都是一段前所未有的紧张而又高速发展的时期。我很清楚所处文化现象的重要性，但直到后来我才意识到自己在其中扮演的重要角色。

当时，一种新的设计方法正在出现，这深深地引起了我的共鸣。好的设计应实现无缝传达，设计与其所传达的内容应融为一体。和朋克爱好者杂志一样，唱片套在呈现并传播新思想、新意象方面起着举足轻重的作用。跳动的软骨乐队的第一张唱片套特别具有启发性：朴素的白色硬纸板是从压板厂直接运来的，表面没有任何装饰，只在顶部贴了一张黑色字体的贴纸，上面写着：跳动的软骨乐队第二年年度汇报（1977）。1978 年的时候，我看了几场跳动的软骨乐队的演出，于是我买了第一张该乐队的专辑，对其美妙而崇高的标题赞叹不已。这张唱片和音乐一样会发出"噪声"，但方式与布莱恩·埃诺（Brian Eno）的环境音乐截然不同。它利用机器的噪声和电子设备发出的扭曲的声音来捕捉暴力、政治宣传和潜在性行为等主题。这张专辑体现出了诡异的反消费主义、反资本主义特点，与摇滚乐完全不同。对我来说更重要的是，这个唱片套没有泄露任何内容。一个完整的、相互关联的图像网络创造出了一种全新的视觉语言。在这种视觉语言中，时尚是一种效能特别强大的货币，我们穿着的服装也具有一种情欲的特质，这些都是为了对得体的观念提出质疑。

在构建一种新的图形语言时，情欲的图像和情色的内容都是重要的构成要素。嗡嗡鸡乐队的专辑封面使用了林德的女性主义集成图片，这是一个很好的例子，说明朋克可以为激进的视觉思想提供一块崭新的画布。这幅专辑封面既简洁又复杂，预算方面的限制使打印的时候只保留了两种颜色。最终我们达成了共识，即使用林德创作的其中一幅集成图片，我们一起选择了你在唱片套上看到的那幅图片。在我实习的博尔顿工厂里，我曾有机会使用一台复印机（这在当时很少见），我一边调整图片的尺寸，使其能缩小复印在唱片套上，同时调高图片的对比度，这样单色打印效果会更好。为了使图片更加清晰，我选用了深海军蓝作为底色。蓝色与黄色相结合是包豪斯时期现代主义的特征。排版是用建筑模板字体、（在大学的印刷部生产出的）传统手工冷金属字体和为嗡嗡鸡乐队标志专门改进的拉图雷塞（Letraset）字体组合而成的。乐队的照片是经过远程艺术指导创作而成的，因为我需要四个矩形的图像来填补布局上的空缺。我建议让乐队成员站在一座曼彻斯特公交车站的四块玻璃后面进行拍摄。

AK： 你收集了许多由薇薇安·韦斯特伍德设计的衣服。很早就认识到这些衣服具有解放思想和勾起情欲的能力。韦斯特伍德喜欢涉猎各种元素，如矛盾、权力和无权、角色逆转等。她为男性设计裙子，为女性设计男士内裤（González 和 Bovone 2012）。这种试验也是穿着韦斯特伍德服装的一部分内容吗？韦斯特伍德还是一位服装制造师，她制作并定制服装，使服装成为独一无二的物品，成为一个至高无上的存在。你能解释一下韦斯特伍德的服装是如何创造出"壮观的生物"的吗？（克拉克和霍尔特引述埃文斯，2016: 201）。

MG： 这些衣服都非常有特色，不论在什么环境下都会使穿着者显得格外显眼。如果我在一个挤满人的房间里穿上韦斯特伍德设计的服装，人们不可避免地会看向我。这些衣服的存在会使人卸下戒备，穿上它们是一种超越时装和时尚的体验。尽管我的肉体被衣服上各种扣子和带子绑住了，但我在属于自我的自信疆域中感到了自由。当我穿上这些衣服，我感觉自己变成了一种至高无上的存在。当我走在街上，人们会情不自禁地问我："你为什么把腿绑在一起？"这对我来说一直是个愚蠢的问题。正是这种束缚感象征着我想表达的自由。这些衣服包含一种代表着反抗和隐秘的性的视觉语言。

束缚服属于时装的一种，但选择穿着这些衣服并不一定是由性取向所决定的。正是因为性不重要才最终显得重要。不管你是谁，也不管你穿什么样的衣服，小混混们不在乎。束缚服象征着一种不道歉、不自知的态度。这种紧身的、暴露的衣服加速了压抑感的彻底沦丧。以穆斯林长衫为例，由于其透明性和非传统的衣服结构，裸体是必然的，因为里面什么都不能穿。这种衣服被面料包裹着，却又因面料显得暴露，有力地突出了性，并消除了性别之间的差异，因为不管男性还是女性都穿着相同的衣服。

因此，性既模糊又中性，而朋克不是无性的，而是单性的。两性之间的可变性是性解放的一部分，而性解放是对社会规范的实验和挑战。薇薇安的衣服是男女皆宜的，同样的衣服穿在男人或女人身上会很不一样。从某种意义上来说，这些衣服接受私人定制，上面缀有更多的装饰面板、飞溅的油漆、胶印文字或者是一些撕痕。这些衣服既无视，同时又利用了色情。它们披着越轨性行为的外衣，但穿着这些衣服的男女似乎对此一无所知。

这个时代，女性已意识到自己被赋予了某种权力。在朋克一代之前，没有哪位女性真正在摇滚乐中唱主角。在之前，我们有苏西·夸特罗（Suzie Quattro），一位弹着贝斯的女孩，就像一位穿着皮衣的男孩，而朋克时代见证了"新女性"的出现，如乔丹（Jordan）、苏·卡特沃曼（Sue Catwoman）、黛比少年（Debbie Juvenile）、苏克西女妖（Siouxsie Sioux）和狭缝乐队（The Slits），所有这些人都利用了自己独有的色欲，颠覆了各自的女性气质，从而成了占主导地位的性别方。[12] 朋克文化允许女孩穿靴子、束缚服、印有标语的 T 恤、男孩的衣服。苏克西甚至毫不避讳地露出自己的胸部，或者穿着热裤和高筒靴。

当然了，那种认为所有朋克爱好者都穿着束缚服的想法是不正确的。这主要是发生在伦敦的事儿。事实上，我第一次亲眼见到的案例是当时看见林德穿着一件从保守党商店购得的束缚裤。裤子是由带有军国主义色彩的光滑的黑色棉布制成的，有一个毛巾状的屁股形状。拉链打开或拉上都很好看，把膝盖绑在一起的带子甚至能充当戏剧道具，不像看上去那样，它丝毫不会妨碍自由活动。

除了伦敦外没有一家商店售卖"朋克"服装。在曼彻斯特，我们习惯于(从现在所谓的"古董店")[13] 购买一些二手货，或者参照朋克的方式，或者模仿韦斯特伍德的教程自己动手制作或对现成的物件加以改动。这也解释了为什么画有标语的普通衬衫、装饰着别针和徽章的校服、半领带（通常年轻人都不想让别人看到自己这么穿）等成了朋克的代名词。这样，挑战就变成了接受"不酷"这一事实，然后把它变成自己的事情。再说一次，这一造型是单性的。

我的服装包括涂有黑色家用漆的旧牛仔裤、我姐姐的校服、涂有荧光漆和刻板字的彩色 T 恤、白色板球鞋、上过色的马丁靴、装饰面料制成的裤子、一切军用剩余品、一切橘色（或粉色）的东西、一切 20 世纪 60 年代的东西：如一件剪裁成无袖衬衫的人造皮革连衣裙、一件蓝色人造毛夹克和一件假豹皮夹克。

AK：迈凯伦和韦斯特伍德位于国王路上的商店被冠以"节奏太快了都没活明白""我还年轻还不想死""性""摇滚吧""保守党"和"世界末日"的别称。这些都是虚构的地点（克拉克和霍尔特，2016：201），或许它们是情欲的先决条件之一？韦斯特伍德说，"有时候你需要把你的想法转移到一个不存在的世界，然后用长相出众的人来填满它"（2013 年）。你能评价一下这些衣服是如何作为一种手段，体现拥有另一个自我，从而进入情欲幻想世界的吗？

MG：在保守党商店大门左侧有一块小铜牌，与法律规定的由有限公司展示的牌匾并无不同，牌匾上刻有简单的蚀刻字体：

马尔科姆·迈凯伦 薇薇安·韦斯特伍德

保守党

"英雄服装。"

这就是重点。作为朋克人，你之所以觉得与众不同正是因为你不属于任何地方。你所穿的衣服让你有了一种即将误入一个危险世界的感觉，但你仍觉得自己很英勇，因为你已许下承诺，誓死也要穿着这种极具挑战性的衣服。而薇薇安所设计的衣服，比其他任何人的都更能强化这种感觉。这是一种只有你自己才能体会的，关于神秘知识的感觉。她的衣服充满了性感，不论男装女装都同样感觉强烈。

朋克的公开性向为两性赋权，男女都被赋予平等的话语权，以及感知超人的能力，被带入属于他们自己的奇妙新世界。

你穿着这些衣服，感觉自己是，反过来又被认为是来自另一个星球。当然了，薇薇安经久不衰的魔力在于穿着这些衣服时你能保持这种感觉，即便在朋克变成古董之后依旧如此。

AK: 你能谈谈你的藏品吗？它们有什么特别之处？

MG: 我有几件特别喜欢的藏品。我认为这件经典的保守党束缚夹克（条带连接手腕和肘部，环绕整个躯干与肩膀水平）是战后最重要的时尚产品，因为它与任何设计师在此之前或之后所设计的产品有着天壤之别。这是我从国王路商店买的第一件商品。和"降落伞"上衣、夹在肘部的超长袖穆斯林长衫一样，这些衣服的设计都汲取了紧身衣的灵感，选择性忽视功能性，但强调收缩性，使服装成为一种展示束缚的工具，成为高度个性化的时尚产品。

薇薇安所设计的最精妙的服装就像画廊作品一样。凝视着那件挂在房间对面珍贵的束缚夹克，我可以很快入睡。虽然当时购入的价格不菲，但我知道我购买的是一段历史。

我觉得自己看起来就像一位来自另一个星球的公主。我觉得我好看极了。我尤其喜欢我的性感装扮：我的橡胶长袜、印有情欲图片的 T 恤衫、我的高跟鞋和尖尖的发型。

威尔逊 2014

碰撞乐队的贝斯手保罗·西蒙农（Paul Simonon）曾说过这样的话，"粉色是摇滚乐的颜色"。[14] 对我来说，粉色无疑就是朋克的颜色。朋克诞生后不久，萨拉·斯托克布里奇（Sarah Stockbridge，薇薇安的御用模特）被拍到穿着一件粉色的韦斯特伍德针织胸衣。我在雷利克商店（Rellik）的史蒂夫那里购得了这件标志性的衣服，他的店就在伦敦戈尔伯恩路北端特雷里克大厦（Trellick Tower）一层的沿街商铺。之前他的店开在波尔图贝罗市场（Portobello Market），后来成了著名的二手韦斯特伍德服装货源。我的藏品一般有两个来源，一是直接从韦斯特伍德的商店购得，另一部分精选自雷利克商店。

当薇薇安与马尔科姆·迈凯伦分道扬镳，并创立了"世界尽头"系列，国王路上的服装店 BOY 获得了许可，可以复制各种保守党经典服装，包括镶嵌靴、束缚裤、穆斯林长衫和降落伞上衣，利用各种新的颜色重新制作。通过与乔治男孩（Boy George）和文化俱乐部（Culture Club）的关系，我指导并设计了一系列这类服装。因此，我得以率先将这些 BOY 版保守党服装加入我的收藏中。

我的朋友朱迪·布雷恩（Judy Blame）[15] 是个朋克爱好者，于 1977 年"离家出走"，先去了伦敦，然后去了曼彻斯特，我当时在曼彻斯特学习平面设计。我从他的创造力和独创性中产生了一种志同道合、相见恨晚的感觉，这种感觉体现在他与众不同的外表上。他是我灵感的来源，而且他看上去总是光彩照人的。

如果你穿上漂亮的衣服，你的人生将更有趣。

弗兰克尔 2012

AK: 韦斯特伍德曾就愤怒的无能做过评论。穿上 20 世纪 80 年代后期及以后的服装，情欲看起来也没那么愤怒了。情欲幻想就像角色扮演，她使用了传统意象和传统材料。这些是否还是关于颠覆权力和阶级主题？

MG: 薇薇安曾经历过这样一段时期，在此期间她探索了古典意象并重新设想了传统服装，比如使用哈里斯粗花呢[16]或她的红色夹克。这些衣服过度夸张，极具颠覆性。迷你裙和紧身胸衣与朋克风格的束缚服交相呼应，但情欲幻想则是通过讽刺来腐蚀权势本身。[17]韦斯特伍德为女性制作服装，突出并夸张地展现她们性感的自我，用下垂的领口、紧身的胸衣和"恨天高"来体现她们的性感。这些服装歌颂女性优美的曲线，好似戏剧服饰，仍不负"英雄服装"的称号。

> （韦斯特伍德设计的服装）让人觉得过去的长袍令人眼花缭乱，让人联想起现在那些准历史和反常的东西。不仅那些穿她衣服的人能感受到，而且那些买卖古董服饰，以及购买 20 世纪时装裙作道具收藏的人也很欣赏韦斯特伍德的服装。
>
> 奥尼尔 2006: 382

AK: 当设计师、前《Vogue》艺术总监，也是您的朋友特里·琼斯（Terry Jones）创办《i-D》杂志时，您是伦敦支部的一员。和我们聊聊那段时间吧。

MG: 1978 年，我搬到了伦敦，住在狗岛上一座议会所有的塔楼的 15 楼。那里没有地铁，所以在地图上找不到。我、朱迪·布雷恩和我的女朋友杰基（Jakki）都是从曼彻斯特一起搬来的。我将公寓从头到尾粉刷了一遍，将墙刷成灰色，将电源插座刷成红色，门上、窗框和踢脚板上涂上黄黑警示条，与窗外工业码头的景观相呼应（这种风格很像几年后曼彻斯特庄园俱乐部采用的风格）。在音乐行业工作，我很快就认识了亚历克斯·麦克道尔（Alex McDowell）和他的设计公司 Rocking Russian。他当时正与前"性手枪"乐队成员格伦·麦特洛克（Glenn Matlock）一起工作，也帮助薇薇安·韦斯特伍德印制著名的"摧毁"衬衫。

《i-D》杂志以其创新的视野和时尚记录摄影定义街头风格。其创始人包括特里·琼斯（Terry Jones）[18]、亚历克斯·麦克道尔（Alex McDowell）和佩里·海恩斯（Perry Haines），后者是一位毕业于圣马丁艺术设计学院的年轻时尚记者，当时刚搬进狗岛公寓。我记得有一次我和佩里开车回家，中途被警察拦住了（这是另一个故事），当时后备箱里装满了《i-D》杂志的创刊号。佩里对街头时尚有着一种无所畏惧和充满感染力的态度，并介绍了他称作"直截了当"的镜头。他会在大街上拦住那些他认为有趣的人，让他们靠在墙上，请他们谈谈自己的穿着。在佩里看来，真正的时尚来自个人，而不是时装店。佩里老是对时装摇头，对时装抱有一种批评的态度，他称之为"穿着英镑钞票"。你买不来风格，买不来个性，服装的真谛在于自我表达。视觉上的优越感来自突出强调与众不同，不一定要探索性感，而是通过创造专属于自己的视觉环境来体现性感。对我来说《i-D》就是时尚圣经，而不是《The Face》。

继 20 世纪 80 年代初新风格杂志爆发式增长以来，有一本杂志尤其引人注目。《Skin Two》是一本创刊于 1983 年的杂志，在主流时尚背景下展示乳胶癖服装，字面意思是"第二层皮肤"。亚当·安特（Adam Ant）等音乐人用他那"为从事性活动的人们设计的蚂蚁音乐"来渗透自己的性取向，帮助人们顺利"接受"恋物癖服装。在他采用红印第安/美洲土著人的形象之前，他会穿着黑色的束缚服，既具有挑逗性又极具诱惑力。从那时起，我更加意识到服装中所直接体现的性感。[19]

AK: 你是如何看待朋克反传统和讽刺风格的影响和遗产的？颠覆性的时尚已经商品化了吗？个人主义和情色已经能市场化了吗？

MG: 悲哀的是，朋克文化正在自食其果。朋克爱好者们创建的东西、《i-D》杂志所推崇的东西都变成了英镑纸币。亚历山大·麦昆（Alexander McQueen）和韦斯特伍德她本人已成了权势集团，尽管我想他们是有正当理由的，并保持着某种绝对可信。具有颠覆性的东西已经成为某种标志。反文化已成为主流。但是朋克文化仍保留有定制、自己动手和独创性等遗产。尽管已经为时装设计师们所接受，朋克文化仍要求我们改变并对自满提出质疑。随着整个西方世界越来越受到右翼政治的威胁，我们亟需朋克群体发起的无政府主义叛乱再次走上街头，可以说现在比以往任何时候都更需要朋克文化。

世界再次需要朋克文化。

试着参与到艺术中去，你就会成为一个自由斗士，你将为一个更美好的世界而努力。我知道什么？我只是个时装设计师。

杰弗里斯 2011

注释

1. 他现任 IMAGES & Co 通讯社的创意总监。

2. 超过 100 件该系列的藏品收藏于曼彻斯特都市大学特别收藏馆。策展人斯蒂芬妮·博伊德尔（Stephanie Boydell）这样描述道："马尔科科姆·加雷特在英国设计行业是一位非常重要的人物，而这一系列作品展示了他那折衷的品味，从日常可见、批量生产的流行文化物件到高级时装。这一展览讲述了一个关于过去以及现在文化如何塑造并影响伟大设计的非凡故事。"

3. 摘自"性手枪"的单曲《天佑女王》（1977 年）。

4. 苏克西评论说，"每个人都相信我在发表一些肮脏的政治言论。我对此一无所知"（佩特雷斯（Paytress），2003 年 52 页）。

5. 她一开始的艺名是宇宙（Cosmosis），后来于 1973 年改为科西·范尼·图蒂。

6. 科西·范尼·图蒂，3 天演出，海沃美术馆，伦敦，1979 年。

7. "我在摄影、电影和脱衣舞行业工作，一开始我想把工作做成一个项目，探索我们文化中的迷人部分。很多女人从未探索过这一部分，或承认对它感兴趣。这是一个男男女女都受到极大剥削的领域。这里有悲伤、有欢笑、有痛苦，最重要的是这里有我们对自己性感的丰富知识。"科西·范尼·图蒂，1988 年。

8. 保守党议员尼古拉斯·费尔贝恩（Nicholas Fairbairn）在 1999 年写的《文明的破坏者》中引用了这句话。伦敦，黑狗出版社（2014 年 159 页）。

9. 科西·范尼·图蒂【视频】（2010 年）。红牛音乐学院，共 56 分钟。

10. 嗡嗡鸡乐队将"性手枪"乐队带到了曼彻斯特，在莱塞自由贸易厅举行了两场著名的表演，进而将朋克音乐引入曼彻斯特和英国西北部。随后，他们收录在《新荷尔蒙》专辑上的《螺旋抓痕》单曲有效地开创了 DIY 独立音乐类型。后来，当他们邀请激进的支持团体与他们一起巡演时，他们的文化挑衅行为仍在延续。其中包括"四人帮"、渗透乐队、欢乐师和苏西女妖乐队等。

11. 详见 D. 诺兰（2006 年）《我发誓我在那儿：改变世界的演唱会》，伦敦，独立音乐出版社。

12. 乔丹本人就是 SEX 店店员和粉色传奇。1976 年那张著名的照片展示了韦斯特伍德、乔丹和克丽丝·亨德（Chrissie Hynde）在 SEX 店穿着胶衣的样子。

13. 在曼彻斯特肯德尔百货公司附近的一家古董店楼下有一家商店，许多曼彻斯特的朋克爱好者经常光顾，在那里可以发现许多服装精品。

14. 详见丽芙·希达尔（Liv Siddal，2005 年）。

15. 布雷恩曾在 20 世纪 80、90 年代担任《The Face》《Blitz》和《i-D》等杂志的艺术总监。此外，他还是配饰设计师、艺术总监和时装设计师，他曾与内内·切里（Neneh Cherry）、乔治男孩、大举进攻乐队（Massive Attack）和比约克（Björk）一起工作。1985 年，他创立了"美丽与文化之家"。

16. 1987 年藏品《新手去舞会，但有个杠铃扔在了他们的睡衣上》，引自凯莉和韦斯特伍德（2014 年 292 页）。

17. 韦斯特伍德高度赞扬了加拿大人加里·奈斯（Gary Ness），他是一位艺术史学家和肖像画家。加里·奈斯从 20 世纪 80 年代开始就一直引用韦斯特伍德的作品。奈斯促使她成为一名革命者，同时又是一名反革命者。他曾说："基本思想是，卢梭——原社会主义者和'高贵的野蛮人'教父思想要对传统思想所遭受的破坏负责。"

18. T. 琼斯（1990 年）《快速设计 / 图形技术手册》，伦敦，ADP 设计文件。

19. 从 1984 年到 2009 年，她是第一位在胶衣上进行印绘的设计师，并于 2009 年重新推出了在线印绘服务。1992 年，她为第四频道拍摄了纪录片《性猎人》。

参考文献

Clarke, J. S. and Holt, R. (2016), "Vivienne Westwood and the Ethics of Consuming Fashion" *Journal of Management Inquiry*, 25 (2): 199–213. doi:10.1177/1056492615592969. Available at: jmi.sagepub.com (accessed August 20, 2016).

Ford, S. (1999), *Wreckers of Civilisation: the Story of Coum Transmissions & Throbbing Gristle*. London: Black Dog.

Frankel, S. (2012), "Vivienne Westwood: 'You have a more interesting life if you wear impressive clothes'."

González, A. M. and Bovone, L. (2012), *Identities through fashion: A Multidisciplinary Approach*, Oxford: Black.

Jeffries, S. (2011), "The Saturday Interview: *Vivienne Westwood.*" Available at: (accessed December 23, 2016).

Kelly, I. and Westwood, V. (2014), *Vivienne Westwood.* London: Picador.

Lowey, I and Prince, S. (2014), *The Graphic Art of the Underground: A Countercultural History,* London: Bloomsbury.

O'Neill, A. (2006), "Exhibition Review: Vivienne Westwood: 34 Years in Fashion," *Fashion Theory: The Journal of Dress, Body and Culture*, 10 (3): 381–386.

Paytress, M. (2003), *Siouxsie & the Banshees: The Authorised Biography*, London, Sanctuary Publishing. 18 May 2017.

Siddall, Liv. (2005), "The Clash's Paul Simonon on Painting Outdoors and Sketching in Museums. It's Nice That." n.p.

Throbbing Gristle (1977), "The Second Annual Report of Throbbing Gristle," London: Industrial Records.

Westwood, V. (2013), "Worlds End Blog,"

Wilson, B. (2014), "Punk Counterpunk," *London Review of Books*, November 20, 36 (22): 31–32.

扩展阅读

Brauer, J. (2012), "'With Power and Aggression and a Great Sadness': Emotional Cashes with Punk Culture and GDR Youth Policy in the 1980s," *Twentieth Century Communism*, 4: 76–101.

de Jongh, Nicholas (2014), "From the Archive, 18 October 1976: Controversial Art Plunges in to the Rusty Hilt at the ICA." *Guardian*, n.p. Available at: https://www.theguardian.com/music/2014/oct/18/ genesis-porridge-ica-exhibition-1976 (accessed August 21, 2016).

Jones, P. (2002) "Anxious Images: Linder's Fem-Punk Photomontages," *Women: A Cultural Review*, 13 (2): 161–178. doi:10.1080/09574040210148979.

Morley, Paul (2011), "The Sex Pistols Play the Lesser Free Hall: All of Indie Manchester Sees the Future of Music," *Guardian*, n.p. Available at: https://www.theguardian.com/music/2011/jun/14/sex- pistols-lesser- free-hall (accessed August 20, 2016).

Parsons, Tony (1976), "'Prostitution Show' ICA, London, England, 18 October 1976." *NME*, October 30. Available at: Brainwashed.com, n.p. www.brainwashed.com/tg/live/ica.htm (accessed August 20, 2016).

Sex Pistols (1977), "God Save the Queen" [single, side A, vinyl record], UK: Virgin, A&M.

Triggs, T. (2006), "Scissors and Glue: Punk Fanzines and the Creation of a DIY Aesthetic," *Journal of Design History*, 19 (1): 69–83.

Part III　第三部分

另一种面料

　　本部分包括三小章，通过触觉、实质和皮肤的僭越来探索面料和身体的叙事。我们选择所穿的服饰能够唤起、伪装和重改我们的性意识。通过我们的穿着，面料和皮肤合二为一。服饰不仅成为身体的替代，也成为自我和他人的身体本身。我们丢弃的衣服和爱人的衣服混在一起，肌肤贴着肌肤，面料贴着面料。将衣服拿在手中，就像是抚摸穿过这件衣服的身体，感受着留下的痕迹。我们全身心感受它。

　　服饰如皮肤，皮肤如服饰。欺骗了眼睛，但在指尖之下展露真相。情欲的两面与身体密不可分，这两面通过生与死来表达，并通过包裹着身体的面料和皮肤被捕捉。这三个章节通过面料的皱褶、肉体的皱褶和皮肤的表层来研究情欲的物质性。为了质询情欲的内在体验、判断其肯定和否定的方面，本部分的章节分别通过电影、政治活动和纺织活动进行分析。

————————————

对情欲的思考：

情欲的欲望是过度的、冲动的、强烈的；情欲的能量得到激发、持续不断、带来狂喜；冲破规则、放荡不羁；情欲的力量则是痛苦的、具有侵略性的，也是禁忌的。

凯瑟琳·哈珀（Catherine Harper）

————————————

7

第七章

尚存或消失的衬衫：成为情欲亲密和男性哀悼的代名词

凯瑟琳·哈珀

李安根据安妮·普鲁（Annie Proulx）于 1997 年创作的短篇小说改编的电影《断背山》（2005 年）有这样一幕：在杰克被打死后，牛仔恩尼斯寻找着杰克的气味、体香和"消逝的存在"。

　　杰克死后，恩尼斯拜访了他的父母，这是一幕家庭世界和情欲世界之间尴尬巧合的紧张场景。杰克的母亲允许恩尼斯进入杰克童年的卧室。在衣柜后，恩尼斯发现了两件他们旧时的工作衫，袖口上沾着杰克的血迹："那是恩尼斯的一件格子衬衣，他一直以为是洗衣店给弄丢了。他的脏衬衣，口袋歪斜，扣子也不全，却被杰克偷了来，珍藏于此。两件衬衣，就像两层皮肤，一件套着另一件，合二为一。"（Proulx 1999 : 281）在同一个实体的衣柜中，两件衬衫相叠，杰克的衬衫似乎在同一个衣架上紧拥着恩尼斯的衬衫。（Kitses 2007 : 26）这两件衬衫是两人最后一天在断背山上所穿的衣服。断背山是他们结合的地方，也维系着他们的精神。这些衬衫反映了两人相互交织的亲密关系，它们被悬挂在衣柜的黑暗中，彰显了杰克和恩尼斯"在一起的生活也是一种分离的生活，一种不断分离的生活，一种也和包括家庭在内的其他所有人分离的生活。全部各过各的生活"。(Kitses 2007 : 27)

恩尼斯满腹悲伤，在那些破旧的衬衫中寻找他和杰克尚存的气味和感觉。他们的关系存在于丹宁布和格子呢之间，传达出他们曾在宏伟的断背山中所享受过的幸福和痛苦。虽然面料的本质是"接收我们：接收我们的气味、我们的汗水甚至是我们的身体"(Stallybrass1999:28)，但普鲁给恩尼斯的结尾却不是这样的：

> 他把脸深深埋进衣服纤维里，慢慢地呼吸着其中的味道，指望能够寻觅到那淡淡的烟草味，那来自大山的气息，以及杰克身上独特的汗香。然而，气味已经消散，唯有记忆长存。断背山的绵绵山峦之间，有一种无形的力量——它什么都没留给他，却永远在他心底。

普鲁 1999: 281

然后，这些衬衫本身就成了表达死亡和欲望的情感工具。衬衫的面料混合在一起，构建了情欲亲密和男性哀悼的词汇。杰克死后，恩尼斯现在仍渴望着这个他已无法再度拥有的男人。他更换了衬衫的位置，把自己的衬衫罩在外面，拥抱、珍惜并保护着杰克所穿的衬衫。

杰克的父母候在楼下，母亲的行为表现出了些许同情，而父亲则暗暗展现出了更加黑暗、挥之不去、怀有敌意的情绪。他们的儿子不会被葬在断背山，而会回归传统，和先祖们一样，被葬在家族墓园中。但从出生时的婴儿服，到代表爱的衬衫，再到死亡时的裹尸布，当皮肤组织和黏膜覆盖其上时，这些纺织物的一经一纬都代表着那些极美妙的、内化的亲密时刻，将他们的历史铭刻在皮肤表面上，生成了一种无法抹去的触感——那些紧贴着皮肤、身躯和跳动的心脏的服饰的痕迹。（赛尔2009：30）这些衬衫给人一种亲密的、薄如蝉翼的、细腻的、情欲哀伤的触感。

面料是情感和躯体的一种延伸，这种联系产生了有关情色政治，个人身份认同的激烈争论，这一争论是不稳定且具有煽动性的。恩尼斯对杰克衬衫的爱抚就像他对人的身体一样温柔，一样充满情感。那些"痕迹"随着生命的消逝，也"不会消失"。（Wronsov 2005：5）在恩尼斯封闭、隐藏的情欲想象中，他们的坚持即是身体本身的坚持，顽强地抵抗着最终的陨灭。

当恩尼斯无言地离开时，杰克的母亲做的最后一个动作，是将两件衬衫装在纸袋中递给了他。虽无法明说，但他们都明白，这两件衬衫作为"死亡的象征（momento mori）"有着重大的意义。值得注意的，是她选择不洗儿子的衣服，而是让衣服保持她儿子死时的样子，并悬挂在衣柜中。她保管着那个衣柜，让那两件衬衫交叠地挂在一起。她免去清洗脏污面料的仪式，拒绝清除那些"被玷污"的面料和躯体。恩尼斯选择这些纺织品来替代杰克，它们就和杰克一样，会褪色腐烂，会被时间摧残、被保管、被折叠、被隐藏、被私下保存，但它们仍然具有不可思议的力量。

在我所居住的爱尔兰西北部，制造衬衫是女性的工作。德里市制造衬衫的悠久传统可以追溯到近两个世纪以前，它与以女性为主的劳动力联系紧密，这巩固了德里作为"处女城"的概念。德里之所以被称为"处女城"，是因为它那拥有 400 年历史的城墙从未被攻破过。19 世纪 30 年代，当该市的亚麻布贸易衰落时，纺织大师威廉·斯科特（William Scott）的妻子和女儿们生产出了质量很好的手工缝纫衬衫，并将它们出售给苏格兰商人。马克思 1867 年所著《资本论》（Das Kapital）中提到的蒂利和亨德森工厂，凭借 1853 年"胜家"缝纫机的发明，以及同时来自苏格兰长老会的投资，早在 19 世纪 50 年代中期就以全面机械化的生产规模运转了。

这些德里妇女天赋颇高但薪水微薄，在她们的头脑、心灵和双手中，这样制造"男性所穿的衬衫"的集体记忆是如此明晰且强大。随着 20 世纪后半叶衬衫行业大量转移到远东生产，妇女的生活水平有所下降。现在那批妇女中仍有人在世，回忆着她们剪裁、缝制、拼接高质量和高品质衬衫时所享受的美好时光。当一个年轻的男修理工在修理缝纫机皮带时；当情书偶尔出现在一名不知名的海外士兵的制服胸袋中时；当在一座历史悠久且男性失业率很高的城市中，妻子和母亲承担起养家糊口的性别重担之时；我们可以看到，性的亚文化从未走远。

衬衫的每一个部分——袖口、开口、袖子、领子等——都是由一位技术娴熟的工匠制作的，一件衬衫只需两分钟就能由八名工人组装完成。这样的集体和个人劳动，将德里的女性和世界上其他地方的服装业工人、工会、殖民与反殖民联系了起来。对这些女性、她们的灵魂和她们的后继者来说，衬衫有着超出其本身的意义。她们也认为这些纺织品

第七章
尚存或消失的衬衫：成为情欲亲密和男性哀悼的代名词

承载着值得纪念的历史：这些剪裁得当的纺织品紧贴着男性的皮肤、爱抚着他们、用印在其上的脂粉印出卖他们、领口的磨损引起他们的不适，衬衫上承载着他们身体的气味，汗水印渍其上，吸引她抚摸他那跳动的心脏、躯体和背部。

在文化历史和纺织传统中，女人和缝纫联系紧密。她们长时间低着头，充满耐心地坐着，从事着不断重复的强制工作。在经纱和纬纱的相互交织，面料的边缘，织物的隐藏、暴露、保护、覆盖、包裹、悬垂、遮盖、触摸、占有、保护、包装之中……"处女城"的妇女们在纺织文化的悖论中扮演了她们的角色。

另一件衬衫则悬挂在都柏林的爱尔兰国家博物馆的玻璃柜里。这件空荡荡的衣服是一件血迹斑斑的圣物，尽管像一面低垂的旗帜一样软弱无力，但它是属于詹姆斯·康诺利（James Connolly）的纪念碑。他是参与 1916 年爱尔兰复活节起义的爱国者。起义期间，他领导爱尔兰公民军在奥康奈尔主街的都柏林邮政总局抵抗英国人。

这件衬衫代表了一个女性化、被殖民和屈服的爱尔兰，它遭到了英国男性统治力量的压迫。在这里，衬衫再度成为一个消失的男人的象征，织物上浸染的血迹和汗渍是他的肉身曾存在过的实质证据。在随后的起义叙事中，人们通过记忆、神话和哀悼，庆祝甚至是仪式化了他死亡的那一刻，也因而情欲化了他的身体。

在都柏林，仅有 1250 人参与了本次起义，而在爱尔兰其他地方则多达 3000 人。大多数都柏林人对起义感到困惑或怀有敌意。起义的目的是推翻英国的统治，建立一个独立的爱尔兰共和国。此时的英国正专注于第一次世界大战的前线，起义的领导人们想借此机会打英国一个措手不及。战斗持续了6天，康诺利的脚踝被子弹击中，受了重伤。最终起义军无条件投降，包括他在内的15名领导人被处决。由于枪伤，他是坐在椅子上被英军行刑队杀害的。英国人的残酷镇压激起了爱尔兰民众对爱尔兰共和主义和叛军事业的支持。他那坐着被枪杀的方式似乎是阉割，甚至女性化了他。他没有棺材，被葬在集体坟墓中，确保了他为爱尔兰母亲殉难的身份。在1918年英国大选中，新芬党赢得了议会中的73个席位。随后，爱尔兰共和军（IRA）和英国安全部队于1919—1921年爆发了爱尔兰独立战争。战争最终在实际上分裂了爱尔兰。

在国家博物馆中，康诺利的衬衫是100件"一次一件讲述我们岛屿的悠久历史"的展品中的一件。尽管策展人的标签上写着，"大约在起义的第三天，这件衬衫因为他腿部的枪伤而被脱掉了"。然而我们并不能确定这是否是真的。这件奶油色、粉色和灰色相间的条纹绒布衣服满是污垢和汗渍，右臂下有明显的血迹。我们无法辨认刽子手留下的弹孔，但血迹让看的人产生了共情的想象，构建了有关英雄的故事，联想到悲惨的折磨，英雄天真而虔诚的样子，以及残忍而不必要的服从。一件由原始面料制成的平凡工作衫变得神圣。（陶西格，1999年）身体的脆弱性和人性，在它被穿透、击伤以及刺伤时显示得淋漓尽致。血液、乳汁、尿液、粪便和眼泪这些生命的边缘物质，穿过身体的边界，从皮肤或面料上的破孔流出。它们作为"不该出现在这里的物质"，是如此令人不适。（道格拉斯，1966：150）尽管留下了污渍，但这些从体内流出的液体，也证明了这具衰弱且饱受痛苦的身体，曾是那么努力维持长久而富有活力的生命。

在这里，让我们想想杰奎琳·肯尼迪（Jackie Kennedy）那件淡粉色香奈儿风格的套装吧。在约翰·肯尼迪（John F. Kennedy）被刺杀那天，这件套装沾满了他的鲜血和脑组织。在他被刺杀后，杰奎琳继续穿着这件套装长达 7 小时，这是她和她的国家所受创伤的明显证明，也是21 世纪最震撼人心、反复出现的画面之一。这件沾满了鲜血和脑组织的套装，现被存放在马里兰州美国国家档案和记录管理局装有空调的保险库中。当被问及为什么在刺杀后不立刻换掉那一身套装时，杰奎琳淡然回答，"不，我想让他们看看自己都做了什么"。杰奎琳如此强烈地想要保留创伤留下的血迹，所以这件衣服至今一直被保存在冷库中，从未被清洁过。

让我们也想想迈克尔·柯林斯（Michael Collins）那件著名的羊毛大衣吧。1922 年，时任爱尔兰共和兄弟会（Irish Republican Brotherhood）主席以及爱尔兰国民军（Irish National Army）总司令的他，在科克（Cork）城郊的一次伏击中中弹身亡。这件右侧衣领留着柯林斯干涸血迹的大衣现被展示在爱尔兰国家博物馆中，是爱尔兰惨烈的独立战争的历史见证。

最后，让我们想想那件婴儿睡衣吧。人们用它给 17 岁的迈克尔·凯利（Michael Kelly）止血，他在 1972 年德里（伦敦德里）的血色星期日事件中受了来自英军的致命伤。这件衣服现被保存在自由德里博物馆（Museum of Free Derry）中。尽管这些衣服下的身体已经消逝，但它们表面留下的血迹，让他们受到创伤的历史得以留存，并在非文本、非语言的社会历史中发挥着重要影响。

"高贵的烈士"这一概念颠覆了污渍所含的玷污意义，让它成为荣誉的勋章，成为那些镇压活动的遗存，还成为造成这些污渍的苦难值得赞颂的证据。若子弹像箭一样会消失无踪、若记忆有时会缺失，那么康诺利衬衫上真实或想象的弹孔，就如同任性的爱人的咒骂、施虐狂漫不经心的穿刺、裁缝满怀恶意的针扎、穿过圣塞巴斯蒂安身体的万箭，或是像将耶稣钉在十字架上的卑鄙的剑和钉子一样刺痛着我们。

爱尔兰悠久的共和主义殉难传统，依靠女性从属这一特定标签和情欲苦难来创造它的男性英雄。此外，康诺利的衬衫还代表着爱尔兰过去的历史，这块土地就像是一个虔诚的天主教处女，被英国人一遍又一遍地污辱和掠夺。紧绷、受到折磨，且压抑的身体，借着牺牲、暴力、落魄的男性躯体，以及相当于耶稣被钉在十字架上被穿透的皮服的面料，在爱尔兰的每个教区都有自己的故事，并且没有在腐朽而狂热的情色或者宗教的性观念中迷失。

爱尔兰复活节起义创造了一批获得重生的烈士，他们的"死"比他们的"生"要重要得多。基督复生后没多久就从地球上消失了，如库里路克（Kuryluk）指出，"皮肤会消解，而面料可能会活过来取代身体……身体会坠落，衣服则会飞升"。（库里路克 1991：197）无论是从基督那件神奇衣服的碎片，还是在前往加略山的路上，圣维罗妮卡递给他的擦汗布（现在受到万人崇拜），又或是让人们印象深刻的、印有他形象的裹尸布，都可以感受到基督的存在。所以，康诺利的衬衫也是他所谓终极牺牲的可见证据。

20 世纪 80 年代，北爱尔兰绝食抗议的"不穿囚衣"运动中，也体现了面料在性别政治文化中的意义。这一（伪）象征性的影响，进一步反映了情欲亲密和男性哀悼之中，衬衫在构绘男性的身体中所起的作用。

第七章
尚存或消失的衬衫：成为情欲亲密和男性哀悼的代名词

1981 年 3—10 月，在这北爱尔兰历史上悲惨的 7 个月中，有 10 人在贝尔法斯特梅兹监狱绝食而死。鲍比·桑兹（Bobby Sands）是他们中的第一个。随着这个 27 岁的生命凋零，北爱尔兰经历了激烈的暴乱和愤怒的绝望，有 61 人死于宗派暴力事件。在这一系列的管制和惩罚、关押和渗透、能够雄起与无法雄起中，男性器官从未如此紧密地和国旗结合在一起。

爱尔兰共和军的绝食抗议者们有 5 个要求。其中一个是穿自己的衣服而不是英国的囚衣，如此他们便拥有特殊的政治身份，而不是一名囚犯。其他的要求还包括有权不做监狱安排的工作；有权自由结交其他囚犯，并组织教育和娱乐活动；有权每周接受一次探访，接受一封信和一个包裹；以及重获因示威活动而丧失的提前释放权。尽管这些要求遭到了拒绝，但这些人通过不剃须、不洗澡、赤身裸体来领导这一抗议。他们的"不穿囚衣"运动，指的是他们仅在探视和锻炼期间披上监狱发放的毯子，而其他时候则赤身裸体。这些被监禁和阉割的爱尔兰共和军自由斗士们，用赤裸的身体抗议他们所认为的不可容忍的去性别化行为。这些所谓的"裹着毛毯的男人"蓄起了头发和胡须、拒绝穿上囚衣。这次抗议对公众的情感影响力非比寻常，这些原本强硬的人们表现出的极端脆弱，引起了人们的极大同情和关注。

监狱和外界经常暗传信息，这些信息通过藏在嘴里的迷你"通信手段"进行传递。囚犯们将这些信息用小字写在香烟或卫生纸上，并用保鲜膜包着，藏在嘴里，通过和探访家庭成员之间的亲吻偷送出监狱。而监狱当局则通过"温和的行为"（soft act）来回避对他们的审查。牢房间的交流则是通过这些"裹着毛毯的男人"完成的。他们将写有字的小卷纸包裹起来，塞进直肠里，并由他们的室友用手指掏出。这些文字从身体的孔洞中以实体的形式被排出。他们蓄意而狡猾地操纵着"言论自由"，以获得尽可能多的公众同情。而在监狱外面，这些"通信手段"被赋予了远超它们实体和文本的政治和情欲力量。不管是生前还是死后，这些激进的权威发出的声音，都在吸引着人们。

1992 年，德里艺术家洛基·莫里斯（Locky Morris）在曼彻斯特角楼（Manchester's Cornerhouse）展出了他的作品《通信》（comm）。他在展馆的整面墙上，用粉色厕纸和保鲜膜制作了许多正在法式湿吻的粉色舌头。而他于 1994 年在德里果园画廊（Derry's Orchard Gallery）展出的《通信 2》中，将这些舌头的塑料溶化，制作了一个巨大的、满是脏污和焦黑却又充满悲惨和情欲的"超级通信"，呼应了北爱尔兰梅兹监狱和阿马（Armagh）监狱那"既吸引人又遭人排斥"的墙壁（达克 1994）。"通信"载体里或者表面的柔软和分泌物，在不同的织物里，将信息联系起来，而这些织物又尽可能地包裹身体，最贴近身体，也最能产生"写在身体上"的感觉。他们将身体当作传递信息的载体。他们重新定义了战争的情欲极端。

在桑兹和其他人的照片中，我们没有看到衬衫。而这一"缺失"，再加上被羞辱、压迫的憔悴男性人体所带来的强烈视觉冲击，构成了爱尔兰的强大象征。这一象征是去男性化的、不着片缕的、被边缘化的、赤裸的、殉难的、被玷污的，它被欺凌弱小的英帝国主义军队剥夺了作为人类的尊严。爱尔兰被英国欺凌的历史可以追溯到 19 世纪 40 年代的大饥荒、20 世纪早期导致 12 人死亡的绝食抗议、1972 年由 40 名爱尔兰共和军囚犯组织的绝食活动、1976 年由爱尔兰共和军和爱尔兰民族解放军囚犯组织的"毛毯抗议"和"污秽抗议"、1980 年发生于梅兹监狱和阿马女子监狱的绝食抗议活动（其主要倡导者陷入昏迷，并因政府作出明显让步而停止了长达 53 天的绝食）。1981 年的绝食抗议和爱尔兰历史上的绝食活动一脉相承，并吸引了全世界的重视。在 1981 年 5 月 5 日至 8 月 20 日，抗议者们在绝食了 46 天到 73 天后接连死亡。他们的名字是鲍比·桑兹（Bobby Sands）、弗朗西斯·休斯（Francis Hughes）、雷蒙德·麦克利什（Raymond McCreesh）、帕齐·奥哈拉（Patsy O'Hara）、乔·麦克唐纳（Joe McDonnell）、马丁·赫尔森（Martin Hurson）、凯文·林奇（Kevin Lynch）、基兰·多尔蒂（Kieran Doherty）、托马斯·麦克维尔（Thomas McElwee）和迈克尔·德瓦恩（Michael Devine）。

北爱尔兰事务大臣汉弗莱·阿特金斯（Humphrey Atkins）表示，桑兹是自杀身亡的。首相玛格丽特·撒切尔（Margaret Thatcher）也重申了这一点，说桑兹"选择结束自己的生命"。抗议最终于 1981 年 10 月 3 日结束，另有 13 人退出绝食，并获得了部分让步。"牺牲"的语言开始盛行于爱尔兰共和主义者圈子。最初病理学家的报告中将死因归为"自己强加的饥饿"，后来被简单地修改为"饥饿"。验尸官的结论仍然是"自己强加的饥饿"。人们将桑兹和其他绝食者未着片缕、仅用粗糙毯子覆盖着的遗体，比作被鞭打的、赤身裸体的基督。媒体和宣传也使用了同样的有关"牺牲"的词汇。比如，2005 年史蒂夫·麦奎因（Steve McQueen）的电影《牺牲》中那一幕监狱中的临终场景，就密切参考了阿格诺的尼古拉斯（Niclaus of Haguenau）和马蒂亚斯·格吕奈瓦尔德（Matthias Grünewald）的《伊森海姆祭坛画》（Isenheim Altarpiece,

1512—1516 年）。同样的拍摄手法也出现在《断背山》的一幕中，恩尼斯轻嗅着杰克藏在衣柜中的衬衫，让人回想起历史上《圣经》中的"血漏的妇人"，她为了治病触摸了基督的衣裳。如果"纺织品具有传递主人实质的明确能力……身体所穿的服饰构成了那具身体……一件衣物的下摆是一个人的身体和其他人身体的边界"（贝尔特 2011 年：312），那么将杰克衬衫的袖口当作下摆，作为"你我之间的阈限地带，在这里'我'和'其他人'的转移和互换变得强大有力"（贝尔特 2011：343），然后把恩尼斯视作哀悼的妇人，他被玷污、被摧毁，从杰克神圣皮肤（衣物）的边缘寻求治愈。

随着康诺利于 1916 年被绑在椅子上处决，临时派爱尔兰共和军（Provisional IRA）就利用了殉难的修辞手法，以及英国坚持要求这些囚犯穿囚衣（虽然不是他们绝食时披的毯子、死时穿的睡衣、躺在棺材中穿的寿衣）这一行为，为共和军恐怖分子的"投票和子弹"战略招募成员。面料捕捉了死亡和勇气之间的卑贱—情欲联系，指出在残酷的世界中，苦难是如此诱惑，显示出苦难的力量能够吸引人、迷惑人、赢得人心、获得人们的奉献，还能同时获得选票、招募成员。鲍比·桑兹缓慢饿死自己的过程具有一种反常的吸引力，人们的性幻想对象不再是卧室中海报上的妙龄女郎，而是一种由共和军献祭主义和死亡迷恋引发的幻想。

迈克尔·陶西格（Michael Taussig）认为："污损发挥了它放大而不是摧毁价值的奇特属性，将神圣从凡尘中抽离……而不是冒犯那些本就神圣的东西……亵渎的行为似乎创造了神圣，虽然创造的是一种特别的种类。"（1999：51）对他来说，这种污损创造了一种回顾式的甚至是怀旧的特定价值。这种价值反常地将污损设定为原始的神圣，而非恶心的落魄景象。陶西格还认为，在这种情况下，我们会认为这些穿着污损（在这个例子中为披着毯子）的人是神圣的。桑兹在饿死之前就已经是一名缺席英国国会议员了。所以当他绝食了 66 天后，于 1981 年 5 月 5 日赤身裸体死于梅兹监狱之时，人们将关押犯人的梅兹监狱 H 区的构造比作钉死耶稣的十字架的圣像。

桑兹苍白而女性化的尸体像耶稣一样：他在西贝尔法斯特的葬礼吸引了超过 10 万人参与，他们是共和主义事业的信徒。绝食抗议无情地夺去了 10 个人的生命。他们的妻子和母亲缝合象征性的伤口，将膏药涂抹在这些殉道者的遗体上。阿瑟·奥伊（Arthur Aughey）指出这是一种强烈的"混合着自我牺牲和自我意识的意识形态情欲"。（2005 年，第 36 页）母亲们将她们瘦骨嶙峋的儿子塞进亚麻布包裹的寿衣中（就像杰克的母亲把衬衫塞进纸袋一样），通过这一形式鼓动大家反对灌输唯命是从的"缝纫姿势"。这一姿势是低着头、耐心地坐着、许多小时一动不动的（想想衬衫工厂的妇女们）。

玛利亚·鲍尔（Maria Power）对天主教自杀问题的审视为我们提供了多维的视角。从生过渡到死，要么是通过自杀这一自我伤害而致命，要么就是通过殉难这一自我伤害而致命（鲍尔，2016 年）。人们通过绝食抗议者所获的葬礼，来讨论这两者的不同之处。1981 年 4 月，时任英格兰和威尔士天主教领袖的巴西尔·休谟（Basil Hume）枢机向德里主教爱德华·戴利（Edward Daly）明确表示，根据《天主教教会法典》，这些于 1981 年自杀的抗议者们，将不会正式享受全套奢华的天主教葬礼仪式，包括安魂弥撒、公共葬礼和教会安葬仪式。然而，在一个月后鲍比·桑兹去世时，戴利在《The Tablet》上写道：

> "我不会把鲍比·桑兹的死描述为自杀，我不会接受这一点。
> 我不认为他故意造成自己的死亡。我认为他觉得（通过绝食），有
> 可能实现一些他所希望发生的事情。"

鲍尔 2016 年

对茱莉亚·克里斯蒂娃（Julia Kristeva）来说："卑贱（abject）的
边缘便是崇高……相同的主题和语言使之成真。"（1982 年，第 11 页）
无论是自杀、自我牺牲、殉难、被误导或是被剥削，1981 年的绝食抗
议者们都成为爱尔兰历史上最有力的一页。毯子覆盖着他们瘦削的身
躯，就好像活死人一般，鼓动了一种无法抑制的神圣情欲。他们又破又
脏的毯子，既不是被子，也不是襁褓，也不是床罩。相反，它们如萨尔
曼·鲁西迪（Salman Rushdie）所言，是压抑的"无缝服装"（1983 年，
173 页），包裹着这些消瘦的、绝食的殉难受虐者。这些毯子以遍布其
上的人体排泄物为特征，以这些人心中的特定痛苦为印记。这些东西遍
布毯子的表面，深深嵌入每一根线中，连同殉难者的眼泪、血液、脓
水、汗水、唾液一起，是那个时代让人无法忍受的亲密身体记忆。那个
时代是悲伤、卑贱、英勇的，并对殉难有着奇特的性化解读。随着饥饿
的身体崩解为污秽，不断流出液体的烂疮、疤痕和未处理的伤口成为特
别的圣痕、成为纺织品上神明的符号、成为反对和抗议的象征，并徘徊
于生与死的边界，蚕食划分我们所接受和我们所恐惧的边界，因为这个
边界代表了我们自己的毁灭（克里斯蒂娃，1982 年）。

这些毯子本身发挥了"爱尔兰都灵裹尸布"的作用，反映了许多基督徒对这块据称带有耶稣受难后身体印记面料的崇敬。和都灵裹尸布不同，这些上面没有粪便的梅兹监狱毯子仍作为遗物存在，尽管桑兹死时所躺的床据称至今仍放在这一已被废弃的监狱里。乔治·迪迪－于贝尔曼（Georges Didi-Huberman）在他的文章《伤口消失的标志（研究污渍的专著）》（1987年）中讲述到，人们误将对涉及都灵裹尸布起源问题、任意科学证明的遗传物质的研究仅仅局限在了谨慎研究基督留下的血迹上。他也许是对的。但在关于鲍比·桑兹和他同志们的身体的讨论中，米歇尔·塞瑞斯（Michel Serres）对伤者的裹布的描述似乎最为恰当：

> "面料的目的是擦去汗水，这个垂死之人的汗水……这个男人经历了痛苦的折磨，满身汗水、鲜血、唾沫与尘土，被鞭打得伤痕累累、被钉子扎穿、被长矛刺穿……这薄薄的一层面料隔绝着残暴的世界和他满是伤痕的皮肤……他被埋葬在这片面料之下……它变成了一块画布，显示出他脸庞和身体的痕迹。这就是这个男人。"

2009 年第 36 页

联系显而易见：面料即是男人本身，面料即是鲍比、杰克、恩尼斯、康诺利和其他人本身。面料上的污迹是这些人灵魂动荡的外在体现。梅兹监狱早已被夷为平地，毯子被烧成灰烬，囚犯的头发和胡须被剪掉或埋葬。这些衬衫只是博物馆的藏品，或只是"消失"的遗物。但在这些毯子的灵魂中，我们想象身体记忆铭刻或嵌入了他们的织物之中，这些身体记忆既难以忍受又亲密。这些功能性面料的伤痕／圣痕是：身体未愈的肮脏皮肉上的烂疮和未处理的伤口。

绝食而死的十人那消失的贝尔法斯特毯子、《断背山》中恩尼斯和杰克"消失"的衬衫，展于都柏林博物馆的詹姆斯的衬衫……每一个都体现了集体卑贱。这些集体卑贱：眼泪、血液、脓液、汗水、唾液，都构成了男性身上的污渍。

> *我们留下污渍，我们留下痕迹，我们留下印记。不洁、残忍、*
>
> *虐待、错误——没有别的路可以到达这里。*

罗斯 2000 年，第 242 页

在这里，男性的形象、思想和动力在血和汗水之中被铭记，创造了躯体低垂的旗帜，赋予他们身体情欲的标志，实用的织物被赋予了特殊、神奇的不朽。衬衫和并非是衬衫的毯子，都如同旗帜一般，预示了皮肤的复活——充血、肿胀、勃起。这一复活是恩尼斯对他爱人恩尼斯实质又浪漫的记忆，也是康诺利和桑兹为爱尔兰国家统一持续又浪漫的努力。他们的每一个，都在人类陷入失望之时，重新赋予他们力量。

在我们对死亡的想象中，死者并没有消失或腐烂，而是穿着破碎的布条。这些破碎的布条充满着原欲，构成了套在一起的两件沾着血迹的衬衫，被合在一起塞进纸袋中；一名死去、腐烂的士兵被埋在某个战场上，胸袋里装着一名不知名德里女人寄来的情书，里面满是对异国生活的想象；沾有血迹的衬衫以呼吸的、繁殖的、生命的形式在博物馆中展出，与它的起源相距甚远；毯子令人厌恶，又引人迷恋。

在"情欲面料"的背景之下，我反对面料本身即是情欲这一概念。相反，面料的触摸及消失，使躯体恢复了警觉，或是被唤醒。上面提到的那些身体，是可触、有形、被触摸、撕裂的，他们既触摸着自己，也吸引着触摸。如果我们绕过坚硬的高墙、衬衫以及作为其替代的毯子的柔软表面向远处看，就会发现，从身体中流到这些纺织品表面的恶臭、液体和迷恋——情欲，是如此的令人着迷，又使人厌恶。这些自体情欲赋予纺织品活力，但不赋予其情欲。因为正是这些衣服之下和旁边的身体表现驱动了它们的情欲力量。

参考文献

Aughey, A. (2005), *The Politics of Northern Ireland: Beyond the Belfast Agreement*, Abingdon: Routledge.

Baert, B. (2011), "Touching the Hem: The Thread between Garment and Blood in the Story of the Woman with the Haemorrhage (Mark 5:24b–34parr) ," *Textile*, 9 (3): 308–51.

Barthes, R. (1981), *Camera Lucida: Refl ections on Photography*, fifth ed., New York: Hill & Wang.

Brokeback Mountain (2006), [Film] Dir. Ang Lee, USA: Focus Features, USA: River Road Entertainment, Canada: Alberta Film Entertainment, USA: Good Machine.

Darke, C. (1994), "Locky Morris (Review)," *Frieze*, September 6. Available at: https://frieze.com/article/locky-morris-0 (accessed July 12, 2016).

Derwent, C. (2008), "Arrows of Desire: How Did St Sebastian Become an Enduring, Homo-Erotic Icon? " *Independent*, February 10. Available at: http://www.independent.co.uk/ arts-entertainment/art/features/

arrows-of-desire-how-did-st-sebastian-become-an-enduring-homo-erotic-icon–779388.html (accessed June 17, 2016).

Didi-Huberman, G. (1987), "The Index of the Absent Wound (Monograph on a Stain)," trans. T. Repensek, in A. Michelson et al., *October: The First Decade 1976–1986*, 63–81, Cambridge, MA: MIT Press.

Douglas, M. (1966), *Purity and Danger: An Analysis of Concepts of Pollution and Taboo*, New York: Frederick A. Praeger.

Faiers, J. (2013), *Dressing Dangerously: Dysfunctional Fashion in Film, New Haven*, CT: Yale University Press.

Hunger (2005), [Film] Dir. Steve McQueen, UK, Ireland: Film4, Channel Four Film .

Kitses, J. (2007), "All that Brokeback Allows," *Film Quarterly*, Spring 60 (3): 22–7.

Kristeva, J. (1982), *Powers of Horror: An Essay on Abjection*, trans. L. S. Roudiez, New York: Columbia University Press.

Kuryluk, E. (1991), *Veronica and Her Cloth: History, Symbolism and Structure of a "True" Image*, Oxford: Blackwell.

Marx, K. ([1867] 1967), *Capital: A Critique of Political Economy*, ed. Frederick Engels, Vol. I, New York: International Publishers.

Mendelsohn, D. (2006), "No Ordinary Love Story," The Gay and Lesbian Review Worldwide, May/June, 13 (3): 10–12.

Morris, Locky (1992), *Comm* [Exhibition], Manchester: Cornerhouse.

Morris, Locky (1994), *Comm II* [Exhibition], Derry: Orchard Gallery.

Niclaus of Haguenau and Matthias Grünewald (1512–1516), *Isenheim Altarpiece*, Alsace, France: Unterlinden Museum.

Power, M. (2016), "Suicide or Self-Sacrifice: Catholics Debate Hunger Strikes," *The Irish Times*, July 6. Available at: http:// www.irishtimes.com/culture/books/suicide-or-self-sacrifice-catholics-debate-hunger-strikes–1.2706886 (accessed July 22, 2016).

Proulx, A. (1997), "Brokeback Mountain," *The New Yorker*, October 13:

74–79.

Proulx, A. (1999), *Close Range: Wyoming Stories*, New York: Scribner.

Roth, P. (2000), *The Human Stain*, Boston: Houghton Mifflin.

Rushdie, S. (1983), Shame, London: Jonathan Cape.

Serres, M. (2009), *The Five Senses: A Philosophy of Mingled Bodies*, trans. M. Sankey and P. Cowley, London: Continuum.

Stallybrass, P. (1999), "Worn Worlds: Clothing, Mourning, and the Life of Things," in D. Ben-Amos etal. (eds), *Cultural Memory and the Construction of Identity*, 35–50, Detroit, MI: Wayne State University. Taussig, M. (1999), *Defacement: Public Secrecy and the Labor of the Negative*, Stanford, CA: Stanford University Press.

Wronsov a.k.a von Busch, O. (2005), *Notebook on TEXTILE PUNCTUM Embroidery of Memory*. Available at: www. selfpassage.org (accessed May 13, 2016).

对情欲的思考：

当我们思考情欲面料时，我们会想起大胆着装的诱人历史。我们会想起爱德华七世时代的裙撑，杜邦（DuPont）的渔网长袜，它勾勒出腿部轮廓，我们想起布歇（Boucher）的画中那位系吊带袜的妇人，她在脸上贴着小片塔夫绸，正在呼唤她的爱人。在挑逗的艺术中，滑稽剧舞者们用馅饼和纺纱流苏把胸部绑起来，这和摇滚天后麦当娜（Madonna）对比鲜明，她在"金发雄心"（Blond Ambition）巡回演唱会中用夸张的圆锥形胸罩模仿女性的特质。

卡洛琳 · 温特斯吉尔（Caroline Wintersgill）和

莎维特丽 · 巴特莱特（Savithri Bartlett）

8

第八章

给予复制人力量:《银翼杀手》中的
视觉和触觉叙事

卡洛琳·温特斯吉尔和莎维特丽·巴特莱特[1]

若干微小的爆炸荡漾在夜空，广阔明亮的城市景观映入眼帘，它的地平线被烟雾笼罩。处于镜头中央的悬浮汽车被光环环绕，将我们的目光引向远处巨大的双子金字塔。镜头缓慢地移动，让我们得以探索金字塔的结构：闪闪发光的巨石之上的纹理、所有的钢铁结构和闪烁的灯光、建于外部的电梯。在闪光之中，我们看见巨型都市的样子反射在巨大的眼睛表面之上。

　　从《银翼杀手》[2]的开头，我们知道表面在这部电影里将变得很重要。在整部电影中，表面起着引诱和误导的作用：动物被证明是合成的；唐人区的人们撑着阳伞，遮蔽不存在的太阳；相片反映了被植入的记忆；超大尺寸的霓虹灯广告牌宣传着离开这个世界的机会，而此刻有能力离开的人早已离开了。电梯似乎由石头雕刻而成，古典的柱子通常象征帝国的往昔，但这里并非帝国的往昔，这里是近未来的洛杉矶。又或者，是人们口口相传这里是洛杉矶的。但这一信息也似乎不太可靠，因为它的城市景观，就像是弗里茨·朗（Fritz Lang）那部《大都会》的退化版。事实上，这部电影是在华纳兄弟外景地的"老纽约"街景中拍摄的。场景布置充满细节、极具创造性，以至于它成为表面问题的一部分：观众可能会迷惑于改造后的充斥杂物的城市生活布景，并走入死胡同之中。在早期的影评中，影片人宝琳·凯尔（Pauline Kael）说："《银翼杀手》并没有直接吸引你，它强迫你，让你被动地去看它。它带着后人类的感觉，让你置身于城市失衡的迷宫之中，让你相信坏事即将发生。"（1982年）

　　自首次上映以来，电影便售出了大量拷贝，证明了影评家们并不都是被动观看这部电影的。尽管如此，电影的视觉艺术仍受到了特别关注：都市景观的建筑和泰瑞尔公司的金字塔；电影的长镜头将画面中的元素压缩，使街景看起来尤为密集；光线透过电扇和百叶窗，被切割成一道一道，洒在黑暗的室内；悬浮汽车的神奇技术。但提及影片结构时，人们几乎完全集中在了坚硬的表面上。而对电影"软"表面的评论，通常仅有（最多！）寥寥几行[3]。这些评论局限于服装设计、对开头和片尾大致相同的室内布置和灯光的观察上。瑞秋（Rachel）和戴卡德（Deckard）戏装的灵感来自 20 世纪 40 年代的黑白电影，通过那个时代的审美，使影片看起来不像 20 世纪 80 年代人们所设想的未来一样过时。更复杂的说法是，影片对戏装的碎片化文化和电影引述，是其熟练模仿后现代主义的一个例子。（例如 Bruno 1987）或许服装很少值得详细分析，因为它是雷德利·斯科特（Ridley Scott）多层次审美视野的内在组成部分，通过唤起、分层并重新安排过去的形象，产生无法抗拒的细节效果，来"创造一个尚未被发明的世界"。（阿伯特，在《银翼杀手》的边缘，2000 年[4]，又或者如黛博拉·杰明（Deborah Jermyn 2005：162）所认为的，电影中对男性"英雄"（戴卡德和罗伊优先于瑞秋）、"男性"动作情节（审问、打斗）以及"男性"空间的批判性关注是存在联系的，例如，它对城市和科技的表现。

在此我们提供另一种解读。通过反复观看这部给人视觉震撼的电影及其所有版本后，我们发现是柔软的表面（面料，或有时没有面料），在自己本身及相反的坚硬表面之中吸引着我们。许多批评忽略了电影不断的结构并置：坚硬表面与柔软表面；建筑与流水；人群从移动到静止的瞬间；困惑、哭泣和痛苦的脸部特写与细节丰富的城市场景形成对比。想想瑞秋从剪裁考究的西装之下露出的和服式衬衫，延伸到她身体周围的空间。想想先是索拉、后是瑞秋放下她们那拉斐尔前派式长发的场景。再想想亚马孙人索拉，身着金色的鳞片，在蛇穴烟雾缭绕的烛光中，从一群戴着头饰的"萤火虫"中走出。想一想金字塔整体外墙上的电梯，和泰瑞尔卧室形成了对比：卧室中那个身着白色绣花睡衣的傲慢狂，外套一件漂亮的 18 世纪风格竖条纹长袍，斜靠在床边，烛光披在他的身上。想一想电影最后的结构转变吧，戴卡德笔挺的雨衣变成了蓬松的针织开衫，瑞秋的高领皮大衣领口敞开，头发披散在领子上。我们认为这些表面不仅在视觉上，也在触觉上吸引人。本章中，我们想要审视电影中的结构，以了解其视觉和触觉叙事是如何与其他叙事元素相结合或对立的。我们想要探究机械与肉体之间的关系，以及面料和皮肤之间的关系：它是如何被问题化的，它是如何揭示人类和复制人的身体生活和心理的，以及它是如何暗示其他超出电影剧本行为的叙事的。

劳拉·U. 马克斯（Laura U. Marks，2002）将触觉感知定义为触觉、动觉和本体感知功能的结合。换句话说，通过我们的皮肤、肌肉和神经，我们体验触摸的方式既存在于身体表面，也存在于身体内部。她还对视觉的视觉性和触觉的视觉性作出了有益区分。在触觉的视觉性中，眼睛本身起着触觉器官的作用，在看的过程中吸引着观众的身体。本章中，我们倾向于口头简化这一区别，将视觉的视觉性简化为视觉，将触觉的视觉性简化为触觉。我们认为，《银翼杀手》从一开始，就密切关注结构，触发另一种不同形式的感知：一种无意识的、独立于观众意识的感知。观众或许会被瑞秋自尊被剥落之时展现出的脆弱所吸引，又或是被罗伊在死之前如此绝望的想要感受生存的感觉所吸引。但远在此之前：伴随着范吉利斯（Vangelis）阴郁的配乐，穿着花哨的人群走过下着大雨的黑暗街道，街边的室内明亮又烟雾缭绕，特写镜头捕捉了穿过皮肤和织物的光线。这一精心安排的场景就已经在触觉上吸引了观众。马克斯提醒我们，包括沃尔特·本杰明（Walter Benjamin）在内的早期电影现代主义理论家写道，观众身体和这一时期的电影图像之间存在同情关系，直到后来，语言意义理论才占了主导地位，尽管伯奇和德勒兹（Burch & Deleuze）都谈到了 20 世纪 60 年代以来电影的触觉特质（Marks 2002：7）。舞蹈评论家约翰·马丁（John Martin）的作品有助于我们理解《银翼杀手》的具体体验：

> 当我们看到人类的身体运动时，我们看到的运动可能是由任何人的身体产生的，因此也可能是我们自己的身体产生的。通过动觉

同情，我们实际上在当前的肌肉体验中间接地再现了它，并唤醒了这一联想含义。如果初始的动作是我们自己做的，那么这一含义可能属于我们自己。

马丁 1936/1968：117

最近舞蹈观众的著作已经用动觉共情替换了马丁理论中的同情。动觉共情是一种体现并基于肌肉和心灵体验的无意识感觉（Foster 2010；Mills 2016）。《银翼杀手》的体验和舞蹈观众的体验不尽相同。它（至少）在三个方面更加奇怪和迷惑：第一是因为我们的体验不仅是动觉上的，它也是触觉和本体感受。第二是因为我们所感受的不仅是触觉共情，也有触觉异化。但触觉异化是有条件的，它产生于发现复制人普利斯做出体操动作，或是手伸入沸腾或冰冻的液体时的深层次动觉差异。第三是因为在某些特定的场景中，我们的触觉、动觉和本体感受反应可能会自相矛盾。我们看到钉子刺穿罗伊的手掌，他痛苦地扭动着，想要推迟自己的死亡，片刻之后他沐浴在大雨淋在皮肤上的最后的感官享受中。正是我们的触觉共情，导致我们在看到电影中的场景时，既产生了异化的战栗，也引起了内心的深刻震撼。这部电影的情感效果，至少有一部分是由电影产生的触觉感知的震撼转变所引发的。

这部电影充满了视觉和触觉的隐喻：眼睛、手和皮肤作为对位的意象不断出现。片头的巨大眼睛映出了城市场景及其燃烧的烟囱，但它所见的和它所反映的一样吗？视力或许能揭露真相：警察基于他们眼见的证据追捕复制人，但用机器充当他们的眼睛。人性测试机（Voight—Kampff）的测试忽略了受试者的答案，它只凭借测试时他们的瞳孔变化来得出结果。然而，正如凯雅·西尔弗曼（Kaia Silverman 1991 : 111）所指出的，当机器中的瞳孔总是绿色，而莱昂和瑞秋的瞳孔则分别是蓝色和棕色时，我们必须质疑机器的准确性。戴卡德用他的照片分析机（Esper）放大了照片中肉眼完全不可见的部分，并用显微镜检查发现位于莱昂办公室的蛇鳞时，他发现了索拉的存在。复制人闪闪发光的眼睛所拥有的视觉感知远超过人类和他们使用的技术。当莱昂和罗伊象征性地为眼镜设计师汉尼拔·周 (Hannibal Chew) 戴上他仿制的眼睛时，罗伊说："要是你能看到我用你眼睛所看到的东西就好了。"泰瑞尔博士，这位"无所不知"的创造者，需要戴上厚厚的眼镜，但仍然无法看见他创造了什么。当罗伊意识到这点时，他戳瞎了他的创造者，完成了他的复仇。在屋顶上电影的高潮中，罗伊讲述了他所看到的奇迹："我所见过的事物，你们人类绝对无法置信。"然而，视觉仍不可靠。加夫（Gaff）是人类（据我们所知），但他那小小的纸折独角兽模型，放在地上，几乎没有被人发现，暗喻了全新一层的真理。照片被珍藏，被当作历史的证据，但唤起是被植入的记忆。当瑞秋主观的视觉证据被破坏时，镜头对她的面部进行了特写，引导我们去观察她的反应：泪珠从她的眼睛中滚落。如果《银翼杀手》关注的是"看"，那么它也关注"触摸"。通过先是莱昂，后是普利斯将手探入装有冷冻或沸腾的液体罐中，我们也看到了复制人的异类特性。我们第一次看到罗伊的异类特性时，是他在痛苦地攥紧又松开他的拳头，揭示他在缓慢地走向死亡。然后在他最后摊牌之前，我们看见他将一根钉子扎进掌中，释放了他的肌腱。他折断了戴克特的手指，让他无法使用他的机械附属品——他的手枪。我们看到戴克特无法抓住屋顶的边缘，罗伊的超人之手把他拉到了安全的地方。《银翼杀手》给我们带来了这样一个问题：我们应该仰仗我们眼睛所看见的，还是仰仗我们手指和皮肤所感觉的？它质问我们的所见是如何影响我们所感的，又或者，在电影里世界中，仰仗感官是完全不可能的。在电影里的世界中，这些复制人和动物的眼睛和皮肤，都如同戏装一样，是由创造者通过双手设计并制造出来的。

《银翼杀手》中的纺织品，尤其是那些独特的戏装，是如何推进视觉和触觉之间的对话的？电影的服装设计师迈克尔·卡普兰（Michael Kaplan）和查尔斯·诺德（Charles Knode）在他们的作品中，吸收了一系列惊人又回味无穷的影响元素：从文艺复兴时代和 18 世纪的肖像画，到好莱坞黄金时代的阿德里安（Adrian Greenberg）风格服装；从 20 世纪 20 年代的让·巴杜（Jean Patou），到 60 年代的皮尔·卡丹（Pierre Cardin）；从日本艺伎形象，到墨比斯（Moebius）的漫画（*Bande Dessinée*）。电影主角的服装，吸收了蛇蝎美人、硬汉侦探、雅利安超人（*übermensch*）或是洋娃娃这些经典形象，同时又颠覆了它们。

三个女主：瑞秋、索拉和普利斯，乍一看属于不同的电影世界。瑞秋让人回想起旧时代电影的魅力，她穿着《诙谐曲》（*Humoresque* 1946）中阿德里安为琼·克劳馥（Joan Crawford）发明的传奇黑色裙子（Fogg 2013）。诺德和卡普兰改进了这条裙子，加上了圆肩，并用金属线贯穿织物。卡普兰将瑞秋的服饰形容为"呈现了 20 世纪 40 年代的几分疯狂，将服饰推向未来。"（2011 年）不过还有人提到她的服饰有着更久远时代的印记：她的 V 形条纹皮草大衣，可能是对洛杉矶郡艺术博物馆收藏的 20 世纪 20 年代让·巴杜大衣的致敬（Maeder 1987）。考虑到电影中赋予动物皮毛的地位，这可能是"真正的"家传皮草大衣，象征着瑞秋的高贵地位和家族历史。尽管凯尔（Kael）认为"她的肩膀远比她本人早走进房间之中"（1982 年），但我们对瑞秋的第一印象是她的高跟鞋在大理石地板上发出咔嗒声。她说话温和但冷漠，几乎是嘉宝式的风格。有一些评论家表示了失望之情：鉴于她的穿着，她并没有被演绎为一个聪明的女人。凯尔解释到，她"比电影中任何人看起来都像僵尸，导演想像斯登堡（Sternberg）给黛德丽（Dietrich）摆姿势一样给她摆姿势……如果戴卡德感觉有必要测试一下她的反应，那么这正是绝佳的时机，她的反应可能是精神抖擞且感人的。"（1982 年）在克里斯汀·科尼亚（Christine Cornea）更具批判的理解中，瑞秋是"一个完全文化化的角色，就像周围的城市景观一样，被重新赋予了让人回忆整个电影历史的身份"。她美艳的黑色裙子标志着为她"制造"的性别身份。科尼亚指出了人们对经典黑色电影中"危险又奸诈"的蛇蝎美人的期待，与她所看到的"空洞又消极"的瑞秋角色之间的对比，她认为瑞秋"突出了她作为恋物对象的功能"（2007：154）她那盘起的头发、苍白的面容、浓密的眼影和闪亮的红唇，在视觉上与透过建筑的钢筋丛林部分模糊瞥见的、城市上空霓虹灯广告牌中的艺伎形象清晰地相似，突显了她作为恋物对象的角色。

普利斯和索拉的戏装则属于完全不同的类型——强调了她们作为"街头行人"，而不是"空中行人"的身份。（Raban 1991）使她们得以融入反乌托邦混乱世界的城市街道中。她们戏装的外观与众不同、充满挑逗，但在后现代城市中，它们不太可能值得特别的评论，在那里，它们可能被解读为个人主义或特定亚文化身份的表达。（参见 Hebdige 1979）朱丽安娜·布鲁诺（Giuliana Bruno）指出了后工业化城市的衰败和残破与普利斯和索拉戏装之间的延续性，揭示了"消费主义、废物和回收在时尚，即晚期资本主义时代的穿戴艺术中交汇"。(1987 : 64)

艳舞女郎索拉下班后，我们见到了她。与普利斯和瑞秋一样，不论是在脱衣舞俱乐部还是街上，索拉的戏装都将她定位为男性幻想的对象。但当她从电影中蛇穴俱乐部的堕落鸡尾酒场景中走出，我们也看到她扮演了神话的角色。俱乐部部分是歌剧布景，部分则是乔治·格罗兹（George Grosz）的油画：这里的人们戴着面纱、插着羽毛、穿着怪异的雕塑服装，这些形象参考了[5]许多不同时代的风格：从伊丽莎白时代的褶饰花边，到 20 世纪 50 年代巴黎花都女郎的鸡尾酒帽。索拉身上覆着金色蛇鳞，脖子上绕着一条蛇。俱乐部主持人称她为"莎乐美小姐"，尽管他在介绍她时引用了一句莎士比亚的《安东尼与克里奥帕特拉》中的台词："看着她从曾经使人堕落的大蛇那里获取乐趣。"我们也可以从中读到夏娃、莉莉丝和美杜莎的典故。在更衣室中，索拉换上了街头服饰，并像瑞秋后来一样，放下头发，变成狂野的拉斐尔前派式长发，穿上皮革比基尼，带扣长筒靴，外面套上一件灵感来自 20 世纪 60 年代皮尔·卡丹 (Pierre Cardin) 的透明塑料雨衣。

我们第一次看到普利斯时，她还是一个无家可归的朋克少女，躲在一堆垃圾里。她一半是个流浪儿，一半是名特殊行业从业者，染着金黄的头发，穿着破烂的长袜、吊袜带，衣领镶有铆钉，还穿着一件动物图案的外套。值得注意的是，这三位复制人女性都穿着动物皮。在《银翼杀手》的世界中，动物拥有着神话般的地位。从人性测试机给瑞秋提出的问题中，我们可以得知地球上的许多物种都濒临灭绝。它们代表着一个已经消逝的世界。甚至是复制动物，例如泰瑞尔办公室里的猫头鹰，也极其昂贵，并享有很高的地位。复制人似乎渴望将自己同有机生命联系到一起，即便这些动物皮和"披着人皮的怪物"（"Skinjobs"，是电影中人类对复制人的蔑称）本身的皮肤一样，都是制造出来的。罗伊恳求道："我们不是计算机，塞巴斯蒂安。我们是肉身之躯。"而他和戴卡德在屋顶上的电影高潮部分中，他像狼一般嚎叫，许多鸟儿在他身边飞翔，他将其中一只紧紧抱在胸前，并在死去之时将它放归天空。在索拉和普利斯的故事中，她们同动物的联系也揭示了她们的野性本质：当被猎杀时，她们也会变得野蛮。

当普利斯走进 J.F. 塞巴斯蒂安的公寓时，我们看到里面有十多个小机器人。塞巴斯蒂安解释说他"制造"自己的朋友，但作为这样一个高科技基因设计师，他却将它们制造为奇特的退化型号：一座 19 世纪的玩具制造商工厂，这直接出自奥芬巴赫（Offenbach）的《霍夫曼的故事》（*Tales of Hoffman* 1880），里面有许多的机械玩具，包括锡兵、戴假发的公主、穿着拿破仑军装的熊。在这个背景下，再加上普利斯那玩偶一般的妆容、僵硬的动作，我们可以将她解读为奥林比亚的升级版本。奥林比亚是《霍夫曼的故事》中的木偶[6]，由邪恶的科佩留斯所造（Coppélius），而我们也可以将科佩留斯解读为泰瑞尔。我们知道布莱恩特在给戴卡德做简报时将普利斯称为"基本娱乐型号"。她被制造为恋物对象：一个性感又毫无威胁的天真少女，有着超乎寻常的动觉能力。但是，当塞巴斯蒂安要求她"给我看些什么"时，她选择首先展示的却是她那新生的主观意志，引用了笛卡尔的话"我思故我在"。通过塞巴斯蒂安，我们认识了一个在智力和外表上都和我们相似的生物。尽管随后，她就将手伸进了塞巴斯蒂安的煮蛋器中，突然触发了我们的触觉异化的感觉，引起了我们怪怖（Uncanny）（注：Uncanny，出自 Ernst Jentsch 的《恐怖谷》，译为恐怖怪怖皆可，弗洛伊德、耶恩奇（Jentsch）以及森昌弘都对此有过介绍，国内一般将弗洛伊德著作中的 Uncanny 译为怪怖，其他二者则为恐怖。为统一起见，本文都使用怪怖，只有特定提及森昌弘和耶恩奇的学说时才译为恐怖）的颤抖。

尼古拉斯·罗伊尔（Nichols Royle）对怪怖的描述是："一场恰当而自然的危机，扰乱了人们对内在和外在的任何直观感觉。"（2003：2）。这一描述可以直接用在《银翼杀手》的复制人身上。有趣的是，无论是耶恩奇（Ernest Jentsch）还是弗洛伊德，在他们有关怪怖的基础研究工作中，都大量提及奥林比亚（最初出现于霍夫曼的短篇小说《沙人》（1816）中）[7]，就像《银翼杀手》一样，霍夫曼的短篇小说中贯穿着眼睛（视觉）和双手（触觉）的影像；科波拉做镜片、眼镜和望远镜的生意，他一边喊着"不要晴雨表？不要晴雨表？也有好眼睛！好眼睛！"；纳撒尼尔通过望远镜观察奥林比亚时，误以为她是真人，然而她僵硬的动作，冰冷的触觉遮盖了她的人性。和奥林比亚一样，普利斯也展现了自己的动觉和触觉异化。尽管她不像奥林比亚在《沙人》中最后那样失去了自己的双眼，但她象征性的化妆涂黑了自己的眼睛。

森昌弘（Masahiro Mori）的"恐怖（uncanny）谷"概念（1970）[8]，可能有助于理解我们对《银翼杀手》中复制人的情感轨迹。森昌弘认为，当仿真机器人出现时，它会引起我们积极的情感反应，但当它和人类相似到一定程度时，不知何故，我们的情感反应会不对劲地急剧下降，并突然产生厌恶之情。然而，随着机器人与活人的区别越来越小，我们的情感反应会再一次变得积极，直到接近对人类对象的正常共情反应位置。《银翼杀手》中也反映了这种怪怖轨迹。在罗伊和戴卡德的最后一幕中，我们处于森昌弘"恐怖谷"理论中的积极情感反应中：这个复制人从本可以用头砸碎墙壁的怪怖捕食者，变为一个垂死的凡人，被雨打在肌肤上的感觉所吸引，在谈到他所看见的美景时变得容光焕发。而电影里瑞秋在戴卡德公寓中的场景中，我们感受到正常的或者接近正常的共情反应。但随着普利斯从一个洋娃娃，变为翻着跟斗、想来刺杀戴卡德的杀手时，我们的情感反应急剧下降到"恐怖谷"的最低点。的确，在这个场景中，普利斯惊人的能力远超她和奥林比亚的之间的怪怖联系。奥林比亚更多让人想起洋娃娃的形象，这是 20 世纪 60 年代恐怖电影的常用比喻，但这一比喻在 80 年代更为生动，例如：1982 年的《鬼驱人》（Poltergeist）以及 1988 年的《灵异入侵》（Child's Play）。阿比盖尔·惠托尔（Abigail Whittall 2017）认为我们对恐怖电影中洋娃娃的反应，已经超出了怪怖的范畴，踏入了茱莉亚·克里斯蒂娃"卑贱"（Abject）的图景之中："本质上和'怪怖'不同，也更加暴力。通过不认可自己的同类，卑贱得以被详细阐述。所有事物已不再熟悉，即便是记忆的阴影也是如此。"（1982：5）我们认为在普利斯和索拉的最后一幕中，她们不仅将怪怖拟人化了，而且将卑贱拟人化了。对克里斯蒂娃来说，卑贱"扰乱了身份、体制和秩序"（1982：4），"将人从非人之中分离，将完全构成（fully constituted）的主体（subject）从部分形成的主体中分离。"（Creed 1993：8）。克里斯蒂娃理论的中心是母亲的形象："（她是）保证我作为主体而存在的客体"（1982：33），而作为暴力破裂（rupturing）表面的卑贱图像是"对母体和分娩的唤起（evocation），引发了作为驱逐（explusion）暴力行为的诞生图像。通过这样的行为，新生的身体从母体之中剥离出来……皮肤显然从未停止保有这样物质的痕迹。这些是压抑（persecuting）和威胁的痕迹。"（1982: 101）

然而，复制人的皮肤上，却没有这样破裂的痕迹，没有母性作为客体确保他们是主体的存在。银翼杀手们将复制人蔑称为"披着人皮的怪物（skinjobs）"，但从字面意思上来看，这个词指的是设计师对它们皮肤的制作。莱昂公寓里的蛇鳞经过显微镜分析，使戴卡德找到了这些蛇鳞的埃及创造者，从而找到蛇穴中的索拉。索拉身上承载着一个"制造者的印记"，即她脸上的蛇纹身。在她死后，镜头一直停留在这个纹身上面。罗伊·巴蒂的胳膊上有一个奇怪的印记，让人想起奴隶身上的烙印。对复制人来说，服饰和皮肤并没有真正的区别。他们的皮肤就是为他们精心制造的面料，也是他们作为恋物身份的一部分：在否定了他们主体性的同时，也使他们得以作为人类主体而死。

罗伯特·斯特尔腾普尔（Robert Steltenpool 2015 : 9）将索拉死亡的那一幕解读为克里斯蒂娃的破裂，指出她是三个有趣表面的交点：她透明的塑料外套、她撞碎的玻璃窗和穿透她皮肤的激光束。他将她撞破玻璃的慢镜头，视作她逃离城市边缘的尝试。但她失败了，因为外面啥也没有，每一个表面都让位于一系列延伸到远方的全新边缘。这一幕也被解读为对莎乐美"七面纱舞"（Dance of the Seven Veils）的后人类重新演绎。至关重要的是，这里破裂的是坚硬的表面，即一层又一层的玻璃。这不是身体有机的"柔软表面"，从母亲的肉体中将自己剥离出来，在皮肤上留下终生的印记。当我们看到索拉塑化的面庞时，她的卑贱显而易见：她的脸和周围商店橱窗里的人体模型没有什么不同，皮肤上纹着一条蛇——这里没有母亲的痕迹，只有制造者的痕迹。

本书中，凯瑟琳·哈珀在她的章节里写道（参照《断背山》（*Brokeback Mountain* 2005)）："织物上明显的血迹是织物给人带来感官体验的证明。沾满污渍的织物充满了力比多的含义。"《银翼杀手》中有一个奇异的特点，即面料与肉体接触后，仍奇怪地保持洁净。诺德和卡普兰声称，他们故意让戏装老化、褪色、肮脏，赋予留在地球上那些居住在反乌托邦城市的人们一种艰苦生活的感觉，以避免其他未来主义电影中的人造质感。这一说法在电影中的人群场景中可能是正确的，戴卡德似乎穿着外套在这个街区中出现过几次。但复制人的服饰似乎没有承载身体的印记。尽管他们带有强烈的视觉叙事，却没有任何触觉的痕迹。索拉的聚氯乙烯雨衣表面没有任何穿着者的身体印记。不论是戴卡德的血还是她自己的血，都无法溶进这件雨衣。即便在最激烈的打斗中，也不会有污渍沾染在这种布料上。我们看到罗伊将他的拇指戳进泰瑞尔的眼睛，看到血从眼睛里流了出来，我们感到发自内心的震惊和畏惧。但泰瑞尔的白色睡衣和床单仍一尘不染，只有他的镜片沾满鲜血。我们已经讨论过了作为瑞秋的衣服，但它们不会显露身体的轮廓，而是塑造了夸张的、近乎建筑般的轮廓。将衣服当作戏装，把衣服当作伪装，而不是把衣服当作穿着。这件衣服如同保护壳一样，抵挡追赶者、抵挡这座城市、抵挡别人的身躯。塞巴斯蒂安第一次出现时戴着头盔，保护自己不受城市的影响。他穿着一件奇怪的彩色夹克，上面有柔软的皱领，这参照了 20 世纪 40 年代的摩托车夹克和亨利八世的紧身上衣：这样的穿搭对一个早衰（Methuselah syndrome）的年轻人来说，或许十分合适。他的着装有着童话元素，反映了接下来他公寓中的电影情节。值得一提的是，轮状皱领在传统上是一种保护性服装，阻止外面的衣服和皮肤的直接接触。在这里用来保护塞巴斯蒂安免受早衰的影响。在瑞秋第一次访问戴卡德的公寓时，她穿着一件夸张的黑色大衣，衣领高高翻起，让我们回忆起詹姆斯一世时期的复仇剧，也让我们回忆起那些黑色电影。她这样的穿着，就像珍妮·珀纽斯 (Jennie Peneus) 设计的"头茧"（head-cocoons）一样，是为了躲避监控摄像头；也像维赛博（Veasyble）的"可穿戴隐私壳"（wearable accessories）一样，轻轻一碰就能和世界隔离开来。（波尔顿 2002）她在保护自己不受这座城市的影响，也保护自己免受作为一名人类要经历的进一步审讯。她的服饰和发型让人想起马琳·黛德丽在《上海快车》（*Shanghai Express* 1932）中戴的钟形帽，让她始终保持神秘莫测。

戴卡德解构瑞秋的童年记忆，揭示出有关她母亲的照片证据是伪造的时，她的保护罩滑落了。在她发现自己是复制人身份的同时，我们发现她冷酷的外表也是复制而来的。和索拉以及普利斯一样，她也是一个恋物对象。作为一个经典的电影形象，她是有权势的男人可能想要的私人助理的模板：富有魅力、难以捉摸、冷静机智、根据男性的期望穿着修身的衣服。我们记得戴卡德对泰瑞尔说的话："它怎么可能不知道它是什么？"（着重部分由本文所标）瑞秋是作为一个客体，而不是一个主体，被"制造"出来的（使用前面科尼亚的表达）。克里斯蒂娃的"卑贱"是这一场景的一个有力主题：瑞秋的童年回忆是小蜘蛛从卵中爬了出来，吃了自己的妈妈，为了不让哥哥看到自己的雌性身体而逃跑。我们被鼓励去感受触觉共情，而不是触觉异化。在特写镜头中，我们清楚看到了瑞秋脸上的脆弱。当走投无路时，她不像莱昂、索拉和普利斯一样变得暴力、非人。她被设计用来让她的制造者更好地控制她的"情感缓冲"，也赋予了她自我控制的能力。在《脱衣电影》（*Undressing Cinema*）一书中，斯黛拉·布鲁齐（Stella Bruzzi）写了在男性凝视下，蛇蝎美人是如何被构建出来，又是如何被误解的："在黑色电影中，我们难道不应该至少在某种程度上嘲笑那些不幸的男人的凝视吗？因为他们从未能够理解他们所看到东西的复杂性。"（1997：127）

瑞秋的反应，就像后来罗伊·巴蒂遇到泰瑞尔时展现的俄狄浦斯（Oedipal）情结一样。她通过暴力毁灭自己的同类来使自己"卑贱"：她射杀了自己的复制人伙伴莱昂。她震惊地回到戴卡德的公寓，在那里，戴卡德认识到瑞秋所经历的"颤抖"是一个人类伙伴所具有的情感反应。戴卡德睡着以后，瑞秋脱下她那件精致的夹克，露出了里面光滑的缎子上衣。这件上衣性感且手感上佳，它可能是参考了高田贤三（Kenzo Takada）[9]受和服启发而设计的，这进一步和霓虹灯广告牌上的艺伎形象相联系。在日本文化中，艺伎和母亲的形象是对立的二元。我们发现，瑞秋在检验她更深层次的记忆，她先弹起了钢琴（她的手指滑过象牙琴键，这是另一个对消失的有机物世界的反映），然后开始端详起戴卡德放在钢琴上的家族相片，这些相片上都是戴卡德的母亲一辈。她似乎是在模仿这些女性，把头发放了下来。在她解开她那恋物化的衣襟时，这个女人散发着魅力，充满诱惑。在这里我们回忆一下，并不是黑色电影发明了蛇蝎美人。蛇蝎美人可以追溯到神话之中，回到潘多拉、夏娃或者莉莉丝，这些诱惑并最终毁灭了男人的女人。当她坐在钢琴前放下头发时，她就像一个拉斐尔前派的蛇蝎美人。简·马尔什（Jan Marsh）形容拉斐尔前派兄弟会（Pre-Raphaelite brotherhood）为："迷恋又厌恶那些不寻常的冷淡女性，这些女性既冷漠又性感，既充满诱惑又坚强。"

为了控制他们对女性的恶毒的恐惧，他们创造了蛇蝎美人这一象征性的形象，在这一形象中，"女性被赋予装饰性，失去了个性；她们变成了被动的形象，而不是故事或戏剧中的角色"。(1985：144)

"既冷漠又性感，既情欲又坚强"：这是男性对复制人女性恐惧的缩影。当面对充满诱惑又坚强的索拉时（赤裸着身体，身上缠着一条蛇，一如约翰·柯里尔（John Colier）画中莉莉丝的形象），戴卡德对她恶毒的恐惧显而易见。如果她是莎乐美，那么他不能把自己塑造为施洗者约翰（John the Baptist），所以他把自己演绎为一个傻乎乎的小官僚，一个被阉割的窥视者，几乎不值得被毁灭。

正如"男性凝视"误解了 20 世纪 40 年代蛇蝎美人的复杂性，拉斐尔前派的艺术家们也误解了他们的缪斯。拉斐尔前派的画作揭示了笼罩在维多利亚时代刻板服装之下的，一种全新的、个性化的女性身体，从这些画作中我们还可以看出，女性正越来越善于思考、越来越有权势，甚至有时候目中无人。当我们思考瑞秋的时候，不妨将眼睛从罗塞蒂（Rossetti）的《莉莉丝夫人》(Lady Lilith) 挪开，转向他众多有关简·莫里斯（Jane Morris）的画作中的一幅，我们说不定会得到启发，我们所凝视的，不应是画家本人，而应从内心凝视简·莫里斯自己。在我们看来，对戴卡德和瑞秋之间"困难"诱惑场景的解读，应采用这种方法，瑞秋努力着从她刚刚意识到的对情欲的抑制之中，显露它的主观性。我们认为卡佳·西尔弗曼（Kaja Silverman）对这一幕的解读更具说服力（1991：129）：它取决于瑞秋的喃喃自语："我不能依靠……"及其与片刻之前发生的对话的关系，在对话中，瑞秋说她不知道自己是否会弹钢琴，因为她有关钢琴课程的记忆或许属于他人。西尔弗曼将此解读为，瑞秋告诉戴卡德，她不能依靠她所感觉的欲望，因为那个欲望可能来自其他人。尽管我们对戴卡德将瑞秋摁在窗上亲吻的行为仍存疑问，但他试着诱导她表现出自己的欲望，而这一欲望早在她亲吻他时就展露出来了。若我们无法相信自己的所见和所忆，那么我们应当相信自己身体的感觉：触觉的真相。瑞秋用她的那句"把你的手放在我身上"，以及热吻确定了她成为情欲的主体。

在电影的结尾，戴卡德回到家中，看到瑞秋盖着被单睡着了。有这么一刻我们担心普利斯和索拉的结局会重现，复制人的身体会出现卑贱的触觉异化。但瑞秋还活着，身披织物，就像莱顿（Leighton）的那幅《炽热的六月》（*Flaming June*）一样，回响着母性床笫的舒适与保护。在如此坚硬的反乌托邦表面之上，这样性感的形象十分罕见，揭示出一个复制人已经奇迹般地重生，变成了人类。

瑞秋或许确实被她的性原动力给予了力量，但戴卡德在她诱惑之中的作用仍存疑问。当她起身离开时，他砰的一声关上了门，将她猛烈地摁向窗框，用力地吻她，想要堵住她要说的话。这个男人刚从背后射杀了一个女人，并马上要射杀第二个。布鲁齐提到，电影中的女角色，比男角色更容易通过外表被"解读"（1997：126），但我们需要关注一下戴卡德的着装。他是 20 世纪 40 年代硬汉侦探的典范，是末日后世界的山姆·史培德（Sam Spade），或许正是当局想要它们的银翼杀手们所成为的样子：玩世不恭、不守道德、不带感情。起初，他穿的是博柏利（Burberry）最新款的华达呢防水风衣，这款风衣因被包括罗尔德·阿蒙森（Roald Amundsen）和欧内斯特·沙克尔顿（Ernest Shackleton）在内的实干家们所穿过而声名鹊起。和瑞秋一样，他的戏装也有现代风格的转变，他的衬衫和领带让人联想起理查·基尔（Richard Gere）在《美国舞男》（*American Gigolo* 1980）中穿的阿玛尼套装。和瑞秋一样，戴卡德也是黑色电影的典型。我们已知瑞秋是一名复制人，这不禁使我们对戴卡德（是不是）产生了疑问。但西尔弗曼支持戴卡德不是唯一一个引用自电影历史的"人类"角色，泰瑞尔他自己"重现了虚构的科学怪人这一形象的全部历史，从弗兰肯斯坦到《大都会》中的罗特旺博士（Dr Rotwang），他们创造了许多新奇的生命体。"加夫则是 20 世纪 40 年代黑手党的形象，穿着色彩鲜艳的领结和马甲，戴着软呢帽。或许戴卡德是不是复制人这一问题并不重要：重点在于，和其他所有人一样，戴卡德也被困在大都市无穷无尽的烟雾和镜子之中，他几无力量。作为一名银翼杀手，他受布莱恩特控制。自由，就像戴卡德所梦想的独角兽一样，是一个神话中的概念。

那罗伊·巴蒂呢？他首次出现时，穿着 20 世纪 40 年代的军用派克大衣（古恩及其他，2014），一头白金色头发，带着讥讽的微笑，他就是雅利安男子气概的化身。但他所拥有的凶狠纳粹外表实属讽刺：复制人是这个纳粹政权中的犹太人，被他们的制造者系统性地"去人化"，为的是给他们的灭绝行为做辩护（不是"处决"他们，而是让他们"退休"）。在他同"父亲"进行俄狄浦斯式对抗（热情地亲吻，而后暴力地谋杀）之后，以一个卑贱、满身是血、几近赤裸的形象出现在屋顶，仿佛重生了一般（尽管我们知道他已濒临死亡），他嘲弄戴卡德，让戴卡德决定哪一个反英雄能最坚定地表现出人性。他用赤身裸体表明自己拒绝成为他人的恋物对象——除非成为自己的恋物对象。就像瑞秋裹着被单一样，他似乎爱上了感官世界，就像他如猫科动物一样敏捷，或是他的皮肤能感觉雨水的触感一样，他沉迷于自己能感受疼痛的能力。斯科特·布卡特曼（Scott Bukatman）提到了罗伊"表演的快乐，他撅起嘴、嘲弄、挑逗、忏悔、悔恨，脸上化着妆，并从总体上情欲化了世界"。我们引用汉普顿·范彻（Hampton Fancher）最初的剧本草稿中的一句话，这句话形容罗伊为"处于科曼奇（Comanche）武士和异装癖者之间的某个地方"（Bukatman 2012：96）。从这一幕所可能影射的所有形象中——如普罗米修斯、弗兰肯斯坦——他那穿着内裤和鞋子的健美身体，还有他那白金色的头发，最令我想到的电影引用是《洛基恐怖秀》（*The Rocky Horror Picture Show* 1975）中的洛基。罗伊或许说出了整部电影中最伟大的一句台词："我所见过的事物，你们人类绝对无法置信"。但是，正如布卡特曼所认为的，他首先是一个僭越的人物。很重要的是，在整部电影的触觉叙事中，他的最后一个动作和"触"有关：他握住戴卡德的满是鲜血的手指，将他从屋顶边缘拉了上来，因此他的独白和触觉以及视觉都产生了共鸣（"所有这些时刻终将在时光中消逝，就像泪水消失在雨中"）。

《银翼杀手》是一本重写本，在这本书上一层又一层的历史和文化典故被书写、抹去再改写。在本章中，我们试图从电影中提取一些其所参考的元素：时尚、建筑、电影、文学、神话、绘画、戏剧、舞蹈以及自然世界。有些成为重要的潜台词，而其他的则昙花一现。它们一同构建了一个人类历史晚期的世界，这个世界承载着过去一切事物的痕迹。我们将《银翼杀手》的文本当做原型故事来阅读，暂且不管那所有的潜台词背景。我们从影片主角中所观察到的电影引用继续延伸到了城市生活的场景之中，就像蛇穴俱乐部的场景之中一样，是一场缅怀往事的化妆舞会。我们看到的是在希腊罗马遗址，埃及露天市场和越南街边市场的背景下，撑伞行走的身影、身着橘红色长袍的克利须那派（Hare krishna）、都市匪徒、戴着 20 世纪 40 年代风格贝雷帽坐在出租车上的女孩的画卷。如果复制人是对过去的引用，那么我们所有人都是；我们从记忆的碎片中塑造、重塑自己。正如我们在本章前面提到的，所有这些互文丰富的内容对读者的影响都是在潜意识层面上的，我们参与舞蹈，迷失在它的节奏之中。

我们以对电影表面的讨论开启本章：为什么硬的表面，在电影本身和对电影的批判性解读之中都占主导地位？而为什么软的表面，在它们出现之时，是如此的吸引人？这是一座机械之城（就算那些认为自己是人类的人也依赖机械去看、去推理、去娱乐、去交友），这里没有动物、没有树木、没有太阳、没有城市终结的感觉，我们只能从戴卡德的独角兽幻象中瞥见自然或日光，这只是一个不可能的神话。自然的消失，意味着在《银翼杀手》中，只有软表面才带有有机世界的余烬。它让我们想起那些我们曾所见所感的事物：生殖、诞生、母性的安慰、生活的乐趣、感官的欢愉；但现在它们就像雨中的眼泪一样，消失了。从某种意义上来说，《银翼杀手》中的大都市本身是卑贱的，但它永远带着被撕裂的有机生命的痕迹。

注释

1. 在此，我们想要感谢艾莉森·卡特（Alison Carter），尽管她本人并不喜欢科幻电影，但还是以服装历史学家的角度和我们观看了《银翼杀手》，向我们提供了大量我们可能会错过的参考或暗示。我们也想感谢达娜·迈尔斯（Dana Mills）和阿比盖尔·惠托尔（Abigail Whittall 2017）在看似无关的话题上发表了出色的论文（分别是舞蹈和政治理论以及恐怖电影里的洋娃娃），让我们同《银翼杀手》建立了新的联系，产生了新的理解。

2. 自 1982 年首次上映以来，已经有多个不同版本的《银翼杀手》。在本章中我们使用的是《银翼杀手：最终剪辑版》（雷德利·斯科特 2007），它被广泛认为是最终版本，因为它是唯一一个导演能够完全在艺术上掌控全片的版本。它包含戴卡德的独角兽幻象的完全版本，但它不包含最初版本的画外音和"圆满的结局"。

3. 大多数有关《银翼杀手》的电影文学作品中，包括其他的综合作品，完全没有提到或仅有寥寥数语提到了戏装：《未来黑色电影：银翼杀手的制作》（萨蒙 1996），或者关于电影制作的纪录片（《银翼杀手的边缘》(2000) 和《危险的日子：银翼杀手的制作》(2007)）。银翼杀手的戏装曾在多个电影服装展览中展出，包括 2013 年在伦敦的维多利亚和阿尔伯特博物馆中举办的好莱坞服装展，并出现在许多服装书籍中（如梅德 1987 年、兰迪斯 2013 年）。2012 年 6 月，克里斯蒂安·艾斯奎文（Christian Esquivin）的个人博客"银屏模式"中，有一篇很有用的文章《银翼杀手的外观》。在学术文献中，我们只发现了一篇关于服装的文章：《围绕边缘：银翼杀手的服装、化妆舞会和塑料身体》（迈曼 1996），这篇文章关注的是女性复制人的戏装。

4. 对《银翼杀手》制片人迈克尔·迪利的采访。

5. 关于蛇穴中服装参考的生动描述，参见迈曼（1996 年）。

6. 凯尔和布鲁诺分别在 1982 年和 1987 年提到过普利斯和《霍夫曼的故事》中的奥林比亚的联系。

7. 霍夫曼给他的角色奥林比亚（Olimpia）和科佩留斯（Coppelius）使用的是德文拼写，而奥芬巴赫作品的剧本作者，儒勒·巴比耶（Jules Barbier）则使用的是法文拼写，分别是 Olympia 和 Coppélius。

8. 这个概念是由森昌弘提出的，但"恐怖谷"一词首次出现在英语中是在赖卡特（Reichardt 1978）的著作中。

9.1977 年，高田贤三与格蕾丝·琼斯（Grace Jones）在纽约 54 俱乐部（studio 54）开幕式上举办了一场有影响力的展览。诺德和卡普兰应该知道这一件事。

参考文献

American Gigolo (1980) [Film] Dir. Paul Schrader, USA: Paramount Pictures.

Blade Runner: The Final Cut ([1982] 2007) [Film] Dir. Ridley Scott, USA: Warner Brothers.

Bolton, A. (2002), *The Supermodern Wardrobe*, London: V & A Publishing.

Bruno, G. (1987), "Ramble City: Postmodernism and 'Blade Runner,'" *October*, 41: 61–74. doi:10.2307/778330.

Bruzzi, S. (1997), *Undressing Cinema: Clothing and Identity in the Movies*, London: Routledge.

Bukatman, S. (2012), *Blade Runner*, 2nd ed. London: Palgrave Macmillan on behalf of the British Film Institute.

Child's Play (1988) [Film] Dir. Tom Holland USA: MGM. Cornea, D. C. (2007), *Science Fiction Cinema*, Edinburgh: Edinburgh University Press.

Creed, B. (1993), *The Monstrous-Feminine: Film, Feminism, Psychoanalysis*, London: Routledge.

Dangerous Days: Making "Blade Runner" (2007) [Video] Dir. Charles de Lauzirika, USA: Warner Home Video.

Esquivin, C. (2012) "The Look of Blade Runner," Silver Screen Modes. Available online: http://silverscreenmodes.com/ the-look-of-blade-runner/ (accessed November 5, 2016). Fogg, M. (2013), *Fashion: The Whole Story*, London: Thames & Hudson.

Foster, S. L. (2010), *Choreographing Empathy: Kinesthesia in Performance*, London: Routledge.

Freud, S. ([1919] 2003), *The Uncanny*, London: Penguin.

Gunn, D., Luckett, R., and Sims, J. (2012), *Vintage Menswear: A Collection from the Vintage Showroom*, London: Laurence King.

Hebdige, D. (1979), *Subculture: The Meaning of Style (New Accents)*, London: Routledge.

Hoffmann, E. T. A. ([1816] 2016), *The Sandman*, London: Penguin.

Humoresque (1946) [Film] Dir: Jean Negulesco, USA: Warner Brothers.

Jentsch, E. ([1906] 1996), "On the Psychology of the Uncanny," trans. R. Sellars, *Angelaki*, 2 (1): 7–16.

Jermyn, D. (2005) "The Rachel Papers: In Search of *Blade Runner's* Femme Fatale" in W. Brooker (ed.), *The Blade Runner Experience: The Legacy of a Science Fiction Classic*, 159–72, London: Wallflower Press.

Kael, P. (1982), "Baby, the Rain Must Fall," *The New Yorker*, July 12: 82–5. Available online: http://scrapsfromtheloft. com/2016/12/28/blade-runner-review-pauline-kael/ (accessed January 29, 2017).

Kaplan, M. (2011), "How I Dressed the Movie Stars for Success," *Independent*, January 21. Available online: http://www. independent. co.uk/arts-entertainment/films/features/michael-kaplan-how-i-dressed-the-movie-stars-for-success–2318165. html (accessed November 5, 2016).

Kristeva, J. (1982), *Powers of Horror*, New York: Columbia University Press.

Landis, D. N. (2013), *Hollywood Costume*, London: V & A Publishing.

Maeder, E. (1987), *Hollywood and History: Costume Design in Film*, London: Thames & Hudson.

Marks, L. U. (2002), *Touch: Sensuous Theory and Multisensory Media*, Minneapolis, MN: University of Minnesota Press.

Marsh, J. (1985), *Pre-Raphaelite Sisterhood*, London: Quartet.

Martin, J. J. (1936/1968), *America Dancing: The Background and Personalities of the Modern Dance*, New York: Dance Horizons.

Metropolis (1927) [Film] Dir. Fritz Lang, Germany: Universum Film.

Mills, D. (2016), *Dance and Politics: Moving Beyond Boundaries*, Manchester: Manchester University Press.

Mori, M. ([1970] 2012), *The Uncanny Valley: The Original Essay*, IEEE Spectrum: Technology, Engineering, and Science News. Available online (http://spectrum.ieee.org/automaton/robotics/ humanoids/the-uncanny-valley (accessed February 1, 2017)

Mulvey, L. (1989), *Visual and Other Pleasures*, London: Macmillan.

Myman, F. (1996), "Skirting the Edge: Costume, Masquerade and the Plastic Body in *Blade Runner*." Available online: http:// francesca.net/ PlasticBody.html (accessed January 16, 2017).

On the Edge of Blade Runner (2000) [TV program] Dir. Andrew Abbott, London: Channel 4, July 15, 2000.

Poltergeist (1982) [Film] Dir: Tobe Hooper, USA: MGM.

Raban, J. (1991), *Hunting Mr Heartbreak*, London: Picador. Reason, M. and Reynolds, D. (2010), "Kinesthesia, Empathy, and Related Pleasures: An Inquiry into Audience Experiences of Watching Dance," *Dance Resear*ch Journal, 42: 49–75. Reichhardt, J. (1978), *Robots: Fact, Fiction and Prediction*, London: Penguin.

The Rocky Horror Picture Show (1975) [Film] Dir. Jim Sharman, UK, USA: Twentieth Century Fox.

Royle, N. (2003), *The Uncanny*, Manchester: Manchester University Press.

Shanghai Express (1932) [Film] Josef von Sternberg, USA: Paramount Pictures.

Silverman, K. (1991), "Back to the Future," *Camera Obscura*, 9 (3 27): 108–32. doi:10.1215/02705346

Steltenpool, R. (2015), "Abject interiors, Uncanny Surfaces, and Laser Beams in Blade Runner." Available at: https://www.academia. edu/9120446/Abject_interiors_Uncanny_Surfaces_and_Laser_ Beams_ in_Blade_Runner (accessed January 27, 2017).

Whittall, A. (2017), "When Dolls Attack: Horror Films, Living Doll and the Monstrous-Femimine," aculty of Arts Research Seminar Paper, Janualry 25. Wincheseter: niversity of Wincheseter.

延伸阅读

Bolton, A. (2004), *Wild: Fashion Untamed*, New York:Metropolitan Museum of Art.

Fisher, W. (1988), "Of Living Machines and Living-Machines: *Blade Runner* and the Terminal Genre," *New Literary History, Blade Runner* and the Terminal Genre," *New Literary History*, 20: 187–198. doi:10.2307/469327.

Marks, L. U. (2000), *The Skin of the Film: Intercultural Cinema, Embodiment, and the Senses*, Durham, NC: Duke University Press.

Piazza, A. (2016), *Fashion 150: 150 years/150 Designers*, London: Laurence King.

Sobchack, V. (1991), *The Address of the Eye: A Phenomenology of Film Experience*, Princeton, NJ: Princeton University Press.

Sobchack,V.(2004),*Carnal Thoughts: Embodiment and Moving Image Culture*, Oakland, CA: University of California Press.

Wilcox, C. (2015), *Alexander McQueen*, London: Victoria and Albert Museum.

对情欲的思考:

情欲的面料是丝绸扫过干燥、温暖的皮肤，是几近爱抚的触摸。它是通过对我皮肤表面的触摸，来唤醒我自己和面料。

凯瑟琳·多默

9

第九章

爱抚面料:
作为交流地点的经纱和纬纱

皮肤和皮肤之间厮磨。这里很温暖。在这亲密的一瞬之间,一个无穷小的空间打开并成为自己的宇宙。

用柔韧的丝线将彼此联结在一起,使彼此溢出、过剩和过度。

你性和我性在挥霍之中溢出。你的皮肤贴在我的皮肤之上,我也亦然。

我对你的爱

我靠近你

从一具专注的身体出发，去思考专注的身体本身。本章以此作为思考的出发点，将始于与面料进行身体交换的爱抚这一概念作为思考的方式。在这里，织物的经纱和纬纱是原动力、生产和情欲交换的地点。

　　经纱和纬纱的相互作用，为我们提供了一种方法，我们凭此来思考作为一种多孔交流形式的爱抚。最初，我们将爱抚视为两人之间的亲密关系，这里的讨论将围绕爱抚作为（重新）唤醒的概念展开。这一术语借鉴了露丝·伊瑞格瑞（Luce Irigaray 2000）对情欲语言的研究，旨在建立一个由二元走向多元的身体、衣服和衣服结构的生成空间。爱抚使这个转变集中在这一空间之内的现存和生产，而不是优先考虑到达、占有和生产的概念。

　　对伊瑞格瑞而言，情欲是"我们之间的一个动作"，这就是说，"既非主动，也非被动……是对动作的唤醒，也是同时对行为、意图和情感的感知的唤醒"（2000：25）。从这个意义上说，爱抚可以被定义为一个动作词汇（geste-parole 2000：26），从而确定了它在亲密和主体间（intersubjective）移动的有意的行为。因此，爱抚既是对他人的邀请，也是对回归自我的邀请。这种自我和他人之间的移动，描述了将身体和世界联系在一起的爱抚的地点：制造的动作和生产的动作（2000:25）这是一个微妙的区别，但值得我们在这里做出。在这里，制造的动作是身体的行为，将触觉拓展到爱抚空间，换句话说，制造爱抚。生产的动作是由爱抚的空间所产生的，也就是说，是对空间和其对话的唤醒。因此，它是通过爱抚的空间和动作－空间，使亲密行为成为一个多样化的地点。

把爱抚思考为对自己、对他人、对动作之间和动作周围所生成空间的唤醒，就有可能想到私密之外的亲密和触摸，同时不会失去这种接触的强烈。在这里，三位艺术家的三个艺术作品将成为这一思考的焦点。它们都规模巨大，但都提供了面料的爱抚，就像在开放和孔隙之间紧张又亲密的关系一样：安·汉密尔顿（Ann Hamilton）的《线程－事件》（*The Event of a Thread* 2012-2013）、盐田千春（Chiharu Shiota）的《手中的钥匙》（*The Key in the Hand* 2015）、苏茜·麦克默里的《回廊》（*Promenade* 2010）。所有三名艺术家都研究纺织品、线程和面料，特别是其语法、历史和触觉潜能，使他们成为我们将面料视为动作－空间的有利跳板。

（重新）唤醒

爱抚唤醒你，唤醒我，唤醒我们……

伊瑞格瑞 2000 年，第 25 页

自我们出生时起，面料就围绕着我们，它不断地超越加于其上的认知、语言意义、隐喻和概念，这一点也不令人称奇。这是这种语言的过度、过剩和溢出给予了面料力量，但也使谈论它变得困难，有时甚至令人焦虑。纺织从业者和理论家索尔维格·戈特（Solveigh Goett）将皮肤和面料之间产生的特殊亲和力描述为不言而喻的。（Goett & Jefferies et al. 2016 :122）对戈特来说，这一亲和、不言而喻的关系成为身体理解面料的基础。文化理论家萨拉·马哈拉吉（Sarat Maharaj）将这样认知和了解的溢出视作"有边界的无边界性"，将其作为一种思考面料过渡性的方式，这种方式不试图去确定它，从而不限制其流动性和多样性。詹尼斯·杰弗里斯（2016 年）提到了纺织品的"矛盾心理"，唤起了类似的概念，引起人们关注纺织品对这种束缚的反抗。这样的矛盾心理将我们带回了戈特的"第一和第二皮肤"，以及面料和身体之间亲密、多孔和过度的关系："纺织品的知识来自涉及所有感觉的经验中：它触摸皮肤，进入鼻腔。发出声音并让人品尝……确切地说，通过触摸纺织品，来体验生存和感觉。"（Goett & Jefferies et al. 2016 : 130）

身体和面料的爱抚，通过面料之中经纱与纬纱的爱抚进一步交织在一起。面料通过这种亲密诞生，赋予了经纱和纬纱情欲的力量，反应并扩大了身体和面料之间的交流。面料和身体从而一同产生了亲密、爱抚的空间，由编织的面料、经纱、纬纱、皮肤和身体组成，为了解、制造和激活生成了一个补充视角：对通过面料进行思考而言（就像爱抚成为情欲交换的地点一样），它也成为过度和过剩的地方。

随着皮肤爱抚皮肤、面料爱抚皮肤、皮肤爱抚面料，它们之间存在的关系是那么地近。将这一关系视作皮肤、面料、皮肤之间的交错，就是将之视作复杂交错的线程，可以根据需要放松或收紧。

《线程－事件》由许多近与远的交叉（crossing）组成：身体穿过空间；写作者的手穿过一张纸；纸袋中的声音穿过一个房间；两名读者一起看完书本的一页；倾听和讲话的交叉；铭文与广播信息的交叉；唱针穿过黑胶唱片上的沟槽；跨越所有物种的曲子；发出声音的大钟或风箱之下晃动的悬挂；触摸、并被报之以触摸。它是一群飞翔的鸟儿，和一片秋千晃动的地方。它是在一瞬间里空间中的特别一点[1]。

这件组装于纽约中央公园军械库（Park Avenue Armory）的艺术作品十分复杂，由绳索、滑轮、秋千、读者、写字者、鸟儿和白色丝绸组成。它高达 70 英尺（1 英尺 =0.3048 米），是大厅宽度的两倍还多。

这个装置艺术品在面积 55000 平方英尺的大厅内组装，围绕着一片巨大的白色丝绸面料进行。大厅两边则每隔一定距离便有一个木制秋千，一共 42 个。每个秋千都能承载两个成年人，用沉重的链条吊起，挂在天花板横梁和支撑白色丝绸的绳索和滑轮系统上。秋千是为观众准备的，他们晃动秋千，使悬挂在空中的面料动了起来。而许多观众则躺在地上看着这片面料。

更多互相交织的元素则围绕、点缀着面料和秋千：一群信鸽在笼子里咕咕叫着、啄着；有 42 台装在纸袋中的收音机，观众可以将之随身携带，收听它们；广播的声音来自大厅一头，是一群读者正阅读着卷轴上文字的声音（达尔文、威廉·詹姆斯、安·劳特巴赫（Ann Lauterbach）、托马斯·艾默生的作品）；大厅的另一头，作为对这个空间及其观众的回应，一名抄写员正书写着未经准备的文字（书信、诗歌、短故事、不连贯的零碎杂想）。每天结束的时候，一名歌手会唱起小夜曲，鸽子被从白天的笼子中放出，绕着大厅飞翔，而后，在安装过程中受过训练的它们会飞回大厅上方的笼子中。这首曲子每天都录进唱片中，准备于第二天再次播放。

白色面料随着秋千的摆动而飘扬，其下的观众们或躺或站，抬起手感受它的爱抚。面料随处飘扬着，将观众包裹其中。每一位观众都在公共空间之内，被包裹在面料爱抚的亲密之中，他们也亲密地爱抚着面料。

汉密尔顿将这许多的交叉称为一瞬间里空间中的特别一点，这样的说话方式捕捉了作为交错的爱抚的感觉。通过这些交叉或交错的爱抚，爱侣一同存在于对方皮肤的表面上。

从爱抚面料的角度去思考这个作品，让人想起汉娜·阿伦特（Hannah Arendt）所呼唤的扩大思考（enlarged thinking）："通过扩大思维来进行思考，意味着一个人训练自己的想象去访问。"（1978：257）

对阿伦特而言，是想象使得我们能够以他人的观点看世界。那么，从这个意义上来说，阿伦特的"访问想象"是一种相互交错的机制，通过这样的机制，我们能够站在别人最好的位置，获得别人最好的观点。访问是"以我的身份进行存在和思考，而事实上我不在那儿"。（Arendt 1966：241）因此，访问想象需要保护一个人自己的身份，同时在隐喻

上或身体上将自己放到另一个人身边，并使得思考"从一个地方前往另一个地方"。(Arendt 1966：242)

去访问就是去花费时间待在那些地方，同它们的居民在一起，将自己介绍给他们的眼睛与身体，而不是取代他们。交错提供了一种靠近、亲密接触他人的机制或过程，尽管我们与他们的身份不同。通过我们自己对他们的体验，以及我们的扩大想象，我们得以与他们建立联系。

《线程－事件》带着它的观众去访问，穿过中央公园军械库巨大的空间，抵达安妮·阿尔伯斯的思想之中，而所有的编织痕迹都回到《线程－事件》(1965：13)。在那里，秋千的晃动让过度的白色面料不停地飘扬，许多观众躺在面料下面的地板上，满是期待。作品的每个部分都互相影响，但仍在整体之中保持着它们的个性。《线程－事件》徘徊在独立行为和公共场地之间：一名参与者，沿着交叉、线程和交错向其他人扩大，组成了这个作品。

泰·史密斯 (T'ai Smith) 在她自己的文章《线程－事件》(2015：76-88) 中，她在安妮·阿尔伯斯以及包豪斯 (Bauhaus) 的理论中访问了一番，以理解阿尔伯斯的"事件"指的是什么。史密斯认为，阿尔伯斯将编织面料的独特性和其他思想方式（比如哲学、经济和诗歌）相结合，以期转变那些因无处不在而不用明说的已知事物，将之变为重要的思维模式。在访问中，史密斯在同阿尔伯斯的对话中接近了《线程－事件》，并找到了无关编织的一种思想方式。但这种思想方式脱胎于自己的结构和过程，也脱胎于爱抚。

回到汉密尔顿的《线程－事件》中，经纱和纬纱之间、面料和皮肤之间的爱抚，正不断发生影响，在互动交换中触摸着彼此。这个爱抚的交错空间，刺激着这个高耸的艺术品之间的过渡和溢出：为爱抚的情欲力量创造空间。

在溢出中，面料及其交错的结合是超越的。和爱抚一样，它唤醒了其他的事物，因而成为马哈拉吉所言的"有边界的无边界性"。在爱抚空间、身体和面料的亲密之中生成的过度，需要一种补充的方法，以实现并支持扩张和超过。这一空间必须是可扩张的，以同身体更紧密地结合，也通过插入额外的织物部分，来实现更大的移动。这样的插入稳定了面料的结构，同时创造了同身体有关的更大的流动性和灵活性。从这个意义上讲，它们扩张了作品的交错，响应着被刺激的唤醒，使丝绸得以在肩膀上自由地移动，给予垂在腿上的羊毛更多空间。

汉密尔顿向观众呈现了撩人的、过度的、爱抚的面料。盐田千春的《手中的钥匙》（2015 年）则用线织成了密集的网。盐田的网，或称组织学（hyphology）[2]，包含着记忆、家以及童年的失去等主题，诞生了安静、神秘、不安且诗意的艺术作品。（盐田）作为蜘蛛，织起了网，她的组织吸收并包裹她的猎物：钥匙、小船、照片、视频、记忆、儿童和观众。这些丝线分泌物入侵并插入空间，建立了一个富有张力的地方，将观众包裹在熟悉与陌生、安全与危险之中。这些作品像是陷入困境，但又给人一种在旅行和移动的感觉。这个由线结成的网及其陷阱似乎伸向了观众，创造了动作 - 空间，邀请观众进入了这一空间：一个情欲力量的点。线、小船、钥匙、艺术家和观众的边界变得多孔，在彼此之间的接触中，得到增强和扩散。爱抚，作为一种插入的物理动作，表明了一种动作 - 空间的状态，这种空间 - 动作决定欣赏者是通过触觉感受到入侵，还是通过作品寻找庇护，另一方面，是通过触摸寄生于作品，还是实现共生。但这种状态不是简单的二元对立，非此即彼，这一动作空间是在两个极端之间不断徘徊的。

触摸及伴之而来爱抚，有一个物理的表现和过程，这个过程有助于把面料定为情欲和创造性交换的地点。皮肤的两个表层，即表皮和真皮，只有在互动作用以及相互协作时才是触摸的器官。表皮位于皮肤最外层的表面，起着保护的作用，能为我们肉眼所见。表皮之下是真皮，是最厚的表层，是大多数形式的触摸、压力和疼痛的感受器。

在触摸和爱抚的过程中，表皮接触了这些行为，而真皮则感受了这些行为。在情人爱抚着彼此时，双方都是积极的，都是参与了意义建构（meaning-making），都在真皮和表皮上互相接触并感受着对方，同时都颠倒且相连。双方真皮和表皮的活动一同在皮肤的地点发生，因此感受，即是被对方感受。

我们可以通过面料插入来思考这种交换的形状。在这里我的意思是裁缝业所发现的那种插入，通过插入额外的织物来扩大、塑造、加长衣服的长度和尺寸，例如：godets, gussets, gores（译注：三词的中文意思皆为三角形布料，所用之处不同，具体区别见注释）。因此，插入也是对衣服本体的补充。

雅克·德里达（Jacques Derrida）认为，补充是一个增加的功能，充实并完满了额外或过剩，使被补充的原始元素能够被充分认识。（1976:144）如此，没有 gusset、godet 和 gore[3] 的衣服会紧贴着身体，而一旦添加了这样额外的布片，衣服就会伴着身体一同移动，随着身体飘扬。补充认识了身体，完善了衣服和身体。从这个意义上来说，插入不是支持，它将自己定位为对衣服和身体都必要且至关重要的成分。

让我们回到盐田的《手中的钥匙》，它包含了多个插入。作品的元素之间相互对立、相互移动、一同移动，相互补充着对方。在这些精致又包裹着的丝线网中，盐田讲述了多样的故事：被计划和被执行的、被计划和被放弃的、未计划的、想象中的、被强迫的旅行故事。羊毛、钥匙、小船、屏幕和图像轮番成为表皮和真皮。它们的表面靠近皮肤，这样就把整个身体作为爱抚的地点。身体、丝线、图片和皮肤：爱抚通过彼此之间而完满。

哲学家伊迪丝·维索戈洛德（Edith Wyschogrod）将爱抚形容为"一种感受－行为。通过感受－行为，自己本身的情感行为掌握了他人的情感行为。"（1981年，第28页）这样的感受－行为必然是重复且耗费时间的活动，其一来一回，其真皮和表皮，都对其改革和生产潜能至关重要。

由丝线织成的通道和网中，盐田描述了关系中亲密的存在。她的作品起源于一种跨文化的体验，如此让人想起流动的意义和丰富的悖论。通过多样、分层的解读，她扩展并补充了她实践中显而易见的交织、道德、政治和美学问题。这个作品不可否认很强大，但也保留了一种微妙的个人语言，一种爱抚。

《手中的钥匙》使人们注意安全和亲密的概念，这样的概念是由手中紧握着、感受着一把钥匙的行为所给予的。钥匙能够保护其携带者，并允许携带者进入：我们的房子、我们的物品、我们的人身安全。我们将钥匙紧紧握在手中，它们因我们的触摸而变得温暖，我们感受它们的重量和形状，然后用它们把锁打开。钥匙是成年的象征，对许多人而言，它们是特权和安全的象征。这种多层叙事将亲近插入距离，将开放插入保护: 补充和完成。

随着多个不停移动的元素在盐田的图像 / 屏幕上来来回回, 它们成为了补充、分离、重连和完成的空间。皮肤表层在触摸行为中被捕捉: 通过《手中的钥匙》, 外层, 感知着表皮; 内层, 则一直感知着皮肤表层、表面和重新露出的表面。随着盐田的表皮和真皮、儿童、他们的记忆、小船、穿过画廊空间的红色丝线、通道的物理性形成、手紧握着钥匙、思想和空间的揭露和隐藏, 皮肤和丝线与观众相遇。插入完满了作品表面和皮肤上出现的身份和他异性的形式。

随着 Godets、gussets 和 gores 这些插入物补充并完满了身体和面料, 我们从插入物的角度来思考爱抚面料, 这在提醒我们, 爱抚不是静止的、单次的、永恒的触摸瞬间。它流动、漂泊、毫无归属。它处于线缝之中; 在皮肤之中, 它是额外的皮肤层。这引发了第三个出发点: 一块流动的爱抚面料, 这块面料在皮肤上不停反复来回, 唤醒并重新唤醒它触摸的皮肤。

一块流动的爱抚面料

作为扩大亲密距离的动作 - 空间, 爱抚需要专注于正在形成空间的另一方。从这个意义上讲, 它在这里扩大了亲密的预设, 也在那里扩大了距离的预设, 以更好地专注另一方。

有了这样对爱抚的核心部位的专注, 我们就对移动和开放有了期待。将爱抚视为流动的关系, 就是将之视为身心共同体验和协商外观的关系。流动意味着习惯性地从一个地方移动到另一个地方(特别是去工作), 并通常顺着特定的环路或路线进行。伊瑞格瑞认为这种方式的移动就是"穿越世界、穿越舞蹈的宇宙，（以）建设自己的居所。（1984：175）对德勒兹（Deleuze）和加塔利（Guattari）而言，游牧是从事未完成事物的原动力，他们利用定居和留守的意愿，在两者的差距之间扰乱它们。（1980：380）

我们以这些作为出发点，来思考流动的爱抚面料，将之设定为旅行的面料。这一面料通过反复运动、通过行为而不是观看，来彼此了解。因此，情人的爱抚，可以被认为是一种流动的触摸形式，它是表演的、重复的、积极的。

爱抚的过程热烈、消耗一切，其内部保持着一种无限的感觉、一种不回归的重复，每一个时刻都是为了自己。同时，随着爱抚醒来，它也创作了自己的死亡。流动、爱抚离开了，留下了触摸的记忆，或许还在皮肤上留下余温。但是，除非有进一步的爱抚让它恢复生机，否则余温很快就会冷却并消散。所以，爱抚依靠重复的访问：皮肤回归皮肤、丝绸落在大腿上，羊毛贴在手臂上。

当我第一次在奇切斯特的帕兰特之家画廊遇到苏茜·麦克默里的装置艺术作品《贝壳》（2006）时，我们对这个作品中由贝壳和天鹅绒做成的"墙纸"的直接反应，是身体对这些材料的专注，意识到它们在这个已装好的在地艺术作品（site-specific）的楼梯井中有节奏地上上下下。在这里，两万多个闪亮的黑色贝壳，每个都填充着血红色的天鹅绒，紧凑地排列在墙上，随着天鹅绒从贝壳的边缘掉出，一切都显得那么秩序井然又混乱不堪：每一个贝壳都和它边上的贝壳一模一样，又通过自己壳上的花纹、开口长度以及开放性而保留了自己的个性。麦克默里的贝壳既是食物，也毫无隐藏地展现了情欲、身体和女性的性征；这一作品中的贝壳在强烈和萎靡、秩序和混乱、不朽和亲密之间徘徊，处于一种模糊的状态。

在麦克默里更多的作品中，她用小元素的印记构成更大的规模和意义。她的作品有这么一种生产逻辑，它模仿并反映了身体，并直接、间接地提及它。从这个意义上讲，流动实践的概念介于在地艺术装置、表演、痴迷以及耗费时间的重复生产之间，处于一种模糊的状态。

麦克默里善用这些主题，创造既短暂又永恒的艺术作品。但她主要专注于历史、传记、地点敏感性和材料中唤起感情的语言。正是通过材料不断重复、反复发生、持续不断的形式，她诱惑、引诱了观众的身体进入她的作品。就和爱抚一样，这些作品也无关占有，因为它手伸得太快，使到达重点优先于旅途本身。就像凯瑟琳·哈珀对麦克默里的艺术实践所写的："每个材料都经过深思熟虑，以找到其情感基调，激发其内部的内容。"

如此情感基调的概念，发源于材料重复不断的形式，引起爱抚的共鸣：潜能、活力和情欲力量：唤醒和重新唤醒－流动和旅行。哈珀继续说道，这一次，她提及了麦克默里在《孔雀草》（Maidenhair 2001）中对头发的使用："当我的身体进入情感的舞台时，我对这完美的音调震惊不已，人类的丝线缠绕在我灵魂之中无形、短暂而根本的部分上。"（2006）在她那些强大但往往脆弱的作品中，麦克默里的存在和劳动的印记显而易见：它们似乎处在不断成长、扩张和生产的过程中。

爱抚面料作为一种流动的物质，可以被定性为一种生态，一种材料、制造和影响的生态。我们用这种方式来接近麦克默里的作品，使艺术家劳动和生产的原动力成为焦点。就像爱抚本身一样，生态也存在危险性。随着情人之间互相进行爱抚，自身必须让位于对方，但仍爱抚着对方。当她使用英雄的雕塑和纪念碑的语言时，她通过她的生产模式、材料、地点和历史将之颠覆。通过这样的方法。她的实践爱抚并引诱着观众去往表面，并进入艺术品本身，并进入她作品的劳动、原动力和物质性之中。

在另一个装置艺术《回廊》（2010 年）中，麦克默里在德比郡凯德尔斯顿庄园大理石房间的新古典主义圆柱之间缠绕了 105 英里（1 英里=1.609344 千米）长的金色刺绣线。这些线的精致和光泽沐浴在上方照下的灯光之中，从纤细之中创造了宽敞的感觉。丝线在雪花石膏的映衬下闪闪发光，每一根都被小心地绷紧，紧得足以保持在原位，但不足以因绷太紧而变弱，最终导致断裂。这些丝线在雪花石膏上闪闪发光，每一条线都成为一个半透明的屏幕。作为流动、重复的行为，情欲创造了当下的意义，唤醒了对过去的回忆。其核心是（重新）唤醒之间的关系：当一个人向另一个打开心扉时，便发生了一种互动的、非可逆的关系。

在麦克默里的作品中，流动动作的爱抚为我们提供了一种解读，将艺术家、作品、作品安装者和观众带入近距离的亲密关系之中。在爱抚的时间跨度和紧张中，情人存在于双方皮肤的边界之上，并在身体接触之时，瓦解了这一边界。随着手触碰丝线，将之缠绕在柱子上时，表面和体积便诞生了，《回廊》因此出现。麦克默里将她作品的劳动置于身体五脏六腑之中，在那具身体上延伸和扩张，她的材料和地点互相接近并超越彼此。这样的认识不能通过对象和主体的融合，而是要通过主体之间的流动爱抚。

重新唤醒

爱抚，被定义为温柔的触摸或表达喜欢的动作。它包含两个主体之间的相互触摸。把身体和面料的相互作用看作爱抚，就是从一具专注的身体之中建立一种用面料思考的形式。在身体—面料关系的（重新）唤醒中，爱抚的互动本质被突出为开放、相互和生产。在爱抚的亲密中，每一个参与者都能够交换动作并接受他人的动作，就像在编织面料中经纱和纬纱的镜像和复制一般。每种力量都对其他人开放，并接受他们的触摸，在那一刻用情欲的力量将触摸变成爱抚。以这种方式进行思考，使身体—面料的爱抚称为双重唤醒，在这种意义上，经纱进入纬纱的爱抚中，所以经纱纬纱一同进入身体的爱抚中。

这样，爱抚就超越了触摸与被触摸。这面料和身体之间的情欲力量循环并重复、成长并扩大。那么在这种意义上，交错、插入和流动的主题在这里成为中转，由此，去接近身体和面料之间的相互作用。

在交错突出了交叉、再交叉和扩大的地方，汉密尔顿的白色爱抚面料包裹着观众的身体，并不断起伏，一次又一次地回归。在这里，身体和面料去访问，在有边界的无边界性中扩大彼此的自我感。在这里，这个交错的空间成为一系列的事件的线程，彼此一起按顺序运行：在组成面料的过程中，经纱和纬纱彼此之间交换传递，每一个事件或传递，都影响了那些先于它们发生的以及已经完成的事物，并反过来影响它们自身。这样，交错的空间并不那么和那些线程和行为的开始终结有关，而是和处在这种关系方式所导致的柔软性和扩展性有关。

在衣服中插入 godet、gosset 和 gore，补充了面料，完满了身体。在这个交换的地点，身体和面料均处于互动的关系中：被触摸和触摸。

正是通过互动，情欲的力量被激发。在爱抚的丝线所创造的亲密和过渡中，这个作品认知并完满了多个身体，就像爱抚使每一个伙伴都成为可能，这个作品也使这些身体变成可能。

爱抚依赖重复、流动的访问，来唤醒及重新唤醒两者之间的情欲力量。在这里，麦克默里的《回廊》在雪花石膏柱子之间徘徊，在精致中创造宽敞的空间。随着流动的旅行者在丝线的空间中移动，两者又结合在一起，被彼此重新唤醒，在日常的空间中逐渐情欲化。身体和丝线的边界崩塌。爱抚的流动本质，成为身体和面料之间互相触摸和分享的循环。它们都爱抚着彼此，在同一个空间里短暂地、相互地情欲化，但都坚定的保持彼此自身。进行流动的爱抚就是"去访问"，去看别人的皮肤，就是离开原先的位置，去扩张。流动的旅行者知道并了解风景，体验其转移和改变。以这种方式旅行就是存在于一种未完成的交换状态中，这就像爱抚的面料，需要变成未完成，以保留其移动的力量、其流动的本质。

在本章的开始，我通过思考并爱抚伊瑞格瑞的书《成为二》(*To Be Two* 2000)，来引用爱抚。在同一本书中，她继续往下写，这里是呼吸，而不是面料来爱抚，但它与爱抚的面料产生强烈共鸣：

> 谁会允许我留下两者：你，我，还有我们之间的空气？……因此每一个都训练呼吸是为了成为：我们之间是分开的，但也许同时也是在一起的。因我们的不同而疏远，但又呈现在彼此面前。
>
> To Be Two 2000：11

在相互交换和情欲力量之间的关系中，是什么把二者区别开来，又与此同时把二者联合起来？是什么使我能够平等地触摸和被触摸。就像戈特的"第二皮肤"一样，爱抚面料提供了一个地点，在这里，经纱和纬纱，同面料和皮肤一起，唤醒彼此，唤醒自己。

在身体—面料的空间之中，出现了相异和统一相互爱抚的圆圈，通过相互交错，相互插入和补充，双方得以去访问。在这个地点，相异和统一一同点燃了情欲力量，在此之中，面料找到了皮肤，皮肤找到了面料，皮肤找到了皮肤，面料找到了面料。经纱和纬纱结合在一起，成为原动力、过度和情欲力量的地点。

注释：

1. 艺术家的声明：最后访问于 2016 年 7 月 12 日。

2. 对罗兰巴特而言，所有的文本都是永恒的编织和消解，因此是一种根本的消除。在这里，他将文本理论视为织物论 (hyphology)，织物是组织和蜘蛛网。（1975：64）

3. Gusset 是插入线缝的一块额外布料，用于塑造或扩大衣服的形态，Gueest 最通常可见于衣服腋下或裆部，是在侧部或底部镶上的一块袋子形面料。Godet 也是一块插入的布料，但这次它是圆形的，最通常安在各类裙子的下部，增加宽度和大小。Gore 在很多方面和 godet 相似，但一般从腰部延伸到下摆。整体效果比 godet 更柔和。

参考资料

Albers, A. (1965), *On Weaving*, London: Studio Vista.

Arendt, H. (1966), *Truth and Politics*, Washington, DC: American Political Science Association.

Arendt, H. (1978), *The Life of the Mind: Thinking*, Vols. 1 & 2. trans. M. McCarthy, San Diego, CA: Harcourt Publishers Ltd.

Barthes, R. (1975), *Pleasure of the Text*, New York: Hill & Wang.
Deleuze, G. and Guattari, F. (1980), *A Thousand Plateaus: Capitalism and Schizophrenia*, 2004 ed., London: Continuum. Derrida, J. (1976), *Of Grammatology*, 1st American ed., trans.

G. C. Spivak. Baltimore, MD: Johns Hopkins University Press. Harper, C. (2006) "Shell Essay," *SusieMacMurray*. Available at: http://www.susie-macmurray.co.uk/?page_id=196 (accessed July 12, 2016).

Irigaray, L. (2000), *To Be Two*, London: Athlone Press.

Jefferies, J. (2016), "Talking of Textiles: Professor Janis Jefferies and Dr Jennifer Harries," lecture at Manchester School of Art, April 27.

Jefferies, J., Wood Conroy, D., and Clark, H. (2016), *The Handbook of Textile Culture*, London: Bloomsbury Academic.

Maharaj, S. (1991) "Arachne's Genre: Towards Inter-Cultural Studies in Textiles," *Journal of Design History*, 4 (2): 75–96.

Smith, T. (2015) "The Event of a Thread," in R. Frank and G. Watson (eds.), *Textiles—Open Letter*, 76–88, Berlin: Sternberg Press.

Wyschogrod, E. (1981), "Empathy and Sympathy as Tactile Encounter," *Journal of Medicine and Philosophy*, 6 (1): 25–44. doi:10.1093/jmp/6.1.25.

扩展阅读

Diprose, R. (2002), *Corporeal Generosity: On Giving with Nietzsche, Merleau-Ponty, and Levinas*, Albany, NY: State University of New York Press.

Irigaray, L. (1984), *An Ethics of Sexual Difference*, 2004 ed., London: Athlone Press.

Merleau-Ponty, M. (1945), *Phenomenology of Perception*, 1976 ed., London: Routledge & Kegan Paul.

Sartre, J.-P. (1943), *Being and Nothingness: An Essay on Phenomenological Ontology*, 2003 ed., London: Routledge.

Part IV 第四部分

表演中的面料

本部分主要关注舞蹈表演中的面料，即面料对身体的刻画、遮蔽、表现以及产生的隐喻意义。面料作为身体的叙事载体以及作为身体在动作中的延伸，成为"视觉再现的表达和一种可互动的图像构建形式"。舞动状态的面料能够追踪并重现身体的状态，这些衣物时而下落，时而形成波浪褶皱，看着这一刻凝滞在空中的状态和图案，观察者都能预感到下一刻即将形成的新状态和图案。就这样，面料似乎折叠着这两种状态之间的时间和空间。这是所有具象化的性感面料中最有吸引力、最变化无常的部分。

面料、身体、舞姿这三个要素会沿着蛇形曲线流动，他们之间的互动有时会是紧密贴合，有时则是一种对挣脱人体的限制而实现自由和解放的表达。运动中起伏的面料可能会成为让"吸引力"升华的载体，或是一道阻隔在"可接受"与"无法接受"之间薄薄的面纱；其他情况下，一个不经意的姿态，或是身体的一些部位透过面料若隐若现，会带我们直抵亲密感的深处，产生一种莫名的感觉。下列三章使用摄影、绘画和舞蹈的语言发展了一套空间、时间、面料和身体之间流畅的叙事，探索了对揭示面料和身体互动关系极为关键的静止感与运动感，节奏感与凝滞感的主题。

对"吸引力"的思考:

威廉·荷加斯(William Hogarth)的作品《美的线条》(*line of Beauty*)能把编织物作为载体的艺术品中镶嵌的情欲主义和诱惑力这种无形的事物提取出来,转换成一种观察者能认知的物理性的事物。这真是一个引人入胜的概念。

乔治娜·威廉姆斯(Georgina Williams)

10

第十章

面料的曲线：威廉·荷加斯"美的线条"以及蛇形舞蹈中的"感官欲望的内心"

乔治娜·威廉姆斯

18 世纪中叶，艺术家、评论家威廉·荷加斯按照惯例被迫复刻一幅艺术作品，在这个过程中他试图确定一种视觉表现语言的语法，希望建立一套他可以解读的美学语言。在其 1753 年出版的手写稿作品《美的分析》中，他指出：蛇形线——短语"美的线条"所指的曲线——成为此种语法的标志。艺术史学家约瑟夫·伯克（Joseph Burke）表示，荷加斯所认可的"一种自然的冲动，想把突出的东西抽象化"，总是让人们"铭记"这位艺术家。荷加斯宣称"最惊艳的表现才能留下最深刻的印象，至少在我脑子里是这样的"（Burke 1955：xxxix），这也是他践行此种"自然冲动"的宣言。本章所进行的检验，是基于一种解读，即对为达到生动描述而使用的文字、口述的单词或短语表达进行解读。之所以这样，是因为"美的线条"作为一种视觉构建方式而使用的方式多种多样。而且，任何呈现物中的任何变化最终会被观察者解读出丰富多样的意义。

荷加斯在他的《美的分析》中描述"美的线条"时，将他的视觉语言转化成一些非常吸引眼球的文字，这些文字不仅因为其自身的图示意义而受到广泛的关注，还因为他们通过叙述丰富地展现了动作的美（Williams 2016:18）。"把眼睛带入到一种肆无忌惮的追逐状态"（Hogarth 1997:33）还有"追求的乐趣"（Hogarth 1997:34）都是"美的线条"中所说的能引发无限遐想的短语，只是这类短语都需要观赏者和视觉结构之间能产生共情，才能以一种产出丰富的方式来理解"美的线条"的美学吸引价值。在创作二维和三维的作品时，都需要描述（collation），而构成这一描述的一个重要结构，就是通过蛇形线来展现的动作。这些以蛇形线的形式展示的动作，也可以被说成是让荷加斯开启"追寻的乐趣"的事物；这不仅是指观察者需要在视觉上碰到了"线条"，才可以最终"把眼睛带入到一种肆无忌惮的追逐状态"，在这个审美追逐的过程中，还必须要有观察者的想象力。这些概念中蕴藏着一种潜力，不仅能影响到观赏者解读线条本身，还能影响他们对勾线视觉的载体的认知。通过这样的方式，并且牢记荷加斯所说的"不发挥想象力"，对线条的追究会显得十分贫瘠（Hogarth 1997: 42），载体以及视觉结构才可能成为一种机制，通过这一机制，观察者可以探索"美的线条"的价值，探索其隐性、暗示和显性的概念。也就是通过这一过程，弗雷德里克·奥吉（Frederic Ogée）认为前提可以被激发，也就是说，荷加斯"追求的乐趣"可以被认为是"真实情欲主义的内心"的中心（2001:64）。这一观念与构建方式和媒介载体都相关，也是本章所做探寻而基于的假设。

"油画，舞蹈，绘画，舞姿"

20 世纪早期有一种诗歌运动"意象主义"，追求"用准确图像进行清晰表达"（OED 2009: 711)，如果通过意象主义的视角进一步发散观察上文中提到的抒情表达的话，还可以进一步细化对文字和声音的物理解读的前提。从这一独特的视角出发，帕特里克·麦克吉尼斯（Patrick McGuiness）分析了英国诗人和文艺评论家休姆（T.E. Hulme）的作品，特别是他在某一首诗中展示出的"通过一种动作来展示另一种动作"的熟练技法（2003：xxix）。麦克吉尼斯非常高效地展示了自己的这项技能，譬如向外界解释作品《微笑的支点》（pivots on a smile)，这一"大师级的用词节俭作品"（2003：xxix）是怎么反映荷加斯明显的意图，即热烈期望能构建一套向读者高效地传递身体动作的文字解读含义的语言体系。进一步拓展这一观点，不得不关注詹姆斯·格兰瑟姆·特纳（James Grantham Turner) 提到的艺术史学家安切拉·罗森塔尔（Anchela Rosenthal）的分析。在分析中，荷加斯在描述一场呈现扇子形的装饰工具时引用了"美的线条"，而且这是诸多涉及"扇子"的"语言"中具有"诱惑力的姿势"（Turner 2001：46)。特纳提到我们眼睛的"肆无忌惮的追逐动作"是释放出了一种"无法和欲望进行区分的美学动作"的信号（Turner 2001：40)，此外，人的眼睛和被观察到的艺术事物之间的联系，是可以超越美学体验的。罗森塔尔把"扇子"描述为"人体展示文化中最奇特的物件"（2001：122)，也是在这类概念画中，我们能看到在二维以及三维的绘画、打印和雕塑作品中看到移除"美的线条"的可能性。尽管荷加斯称这些动作已经处于最美的状态（1997：33)，通过上述提到的移除，这些"动作"的静态展示可以充满活力，这样，我们可以用传统的观察方式之外的方法来进一步探索结构的潜力，这也是本章的目标。

在解读"美的线条"怎么从现有的语境框架之下实现升华，以及在试图不仅保留而且还要加强荷加斯的理论的精神的过程中，就需要注意奥吉提到的，荷加斯在通过对雕刻的文字再现来进行表达的想法。在观察荷加斯的这些作品里角色中那种精心构筑的线条刻画出形状的表面时，奥吉提出这是"遮盖了人体形状的精致薄纱"，"起伏波浪间，蕴藏的就是这蛇形线条之美"（2001：63）。这一想法在细化后，就为进一步探寻"薄纱上覆盖着薄纱"的概念提供了可能，更具体地说，就是"皮肤上覆盖的衣物"。这"薄纱"可以是舞动中的薄纱，当然得是美丽的薄纱，带有一点挑逗的意味，也蕴藏着性诱惑的潜力。尽管这些薄纱只能算是为视觉结构提供一些强化效果，但这也依然没有逃脱荷加斯很珍视的蛇形曲线表现手法的范畴。从这个角度来看，奥吉说明了荷加斯如何"定义了通过最有诱惑力线条表现手法逐渐把知识从形式中汲取出来，直到形成庄严肃穆氛围的一种'愉悦的发现过程'的动态美学"（2001：63）。这是一个潜在的观察，与"薄纱之上的薄纱——皮肤之上的面料"相关，就像与皮肤本身相关一样。

荷加斯的理论认为，美的线条的吸引力集中体现为表现动态的能力：比如在一幅绘画中吸引观赏者视线的弯弯曲曲的村间道路，或是石雕作品永远保持着的那种蜿蜒的优雅舞姿，仿佛芭蕾舞演员的化身。荷加斯坚信舞蹈是对"蛇形线"动感最传神的表现载体（Hogarth 1997：110），这一论述也有效地支持了芭蕾舞演员是"生产美的机器"这一观点。"生产美的机器"也是舞蹈作家、评论家安德烈·莱文森（Andre Levinson）

描述这一技巧的用语（Garelick 2007：139）。荷加斯表示"还是运动中的线条带给眼睛的美感更鲜活"，并用"我的眼睛急切地追随着最喜欢的那个"的回忆来进一步确认这一观点。他提到那个舞者让自己着迷，她的扭动总是伴随着一条"想象中的线条"和她一同舞动（1997：34）。这条荷加斯提到的"想象中的线条"，实际上可以理解为观察者和物体之间的视线连线，因此，当物体移动或者舞动时，这条虚拟的线条也就同步地开始移动或者舞动起来。

这个想法展示了一种可能性，这种有待检验的概念或许可以被强化，即美的线条的表达可以不局限于舞蹈的静态展示，譬如类似绘画、油画或者雕塑，甚至可以不限于舞者本人的身体。因此，这一语境下最闪耀的亮点就是现代主义舞蹈家罗伊·富勒（Loie Fuller）在美学领域的产出。罗伊·富勒在展现自己的蛇形舞姿时会故意遮住自己的身体，把自己包裹在长达数米的衣物中。这如果按照上文中提到的想法为标准来看，其实是带有讽刺意味的。尽管这套昂贵的舞衣最早的作用是刻画她的舞蹈主题，但富勒最终还是采取了"一种现代主义的流线型效果"。作家、文艺评论家纪尧姆·阿波利奈尔（Guillaume Apollinaire）在1912年评论罗伊·富勒时，说这位线条和颜色大师发明了现在的"蛇形舞"，这种舞蹈混合了水彩画、舞蹈、油画和诱人舞姿，所以她足以成为当代女性艺术的先驱。同样地，阿波利奈尔对于富勒的认知，没有局限于大众认知范围内的舞蹈家，而是认可其艺术家的身份，并且发展了他的观点。他认为富勒作为艺术家的"任务"可以"很清晰地表达出来，即艺术作品带来的美学愉悦是通过艺术家理解和重现一种稍纵即逝的精致感的能力来体现的，这种能力与这种有形的或是无形的精致感本身同等重要"（Ogée 2001：63）。奥吉主张艺术家扮演的角色是将自己的创造性"产出"中注入读者能够感知的"美学愉悦"，这一主张的意图聚焦在本文探讨的语境下的一个重要方面，那就是：并不是富勒身体的舞动形式给观众带来了蛇形舞的感官，而是她用长杆和钩子控制大布舞衣，经过一番精心设计，产生了线条美（Garelick 2007:40）。布斗篷和斗篷下舞者的躯体混合起来，从根本上加强了舞者躯体伸展的潜力，这种协调的契合状态才是这一现象的关键。

"每分钟 20000 转"

1916 年，未来主义者 F.T. 马里内蒂（F.T. Marinetti）在具有未来主义创立宣言性质的《新宗教——速度的美德》中阐释了"速度"如何在"S 形那样的连续弯曲曲线中实现绝对的美"（2009a:228）；这一阐释也从侧面回应了荷加斯对蛇形线的描述，并同时体现出未来主义者对运动、速度和技术的着迷。一些在舞者的"giro rapidissimo"（快速旋转）和机关枪开火时的"嗒嗒嗒嗒"声之间建立起类比关系的概念（Poggi 2009:320）（比如公认的由未来主义画家吉诺·塞维里尼（Gino Severini）主导的概念），把机械（包括战争中的机械）的元素和从富勒最常用的舞蹈编排和表演艺术特点联系在了一起。正如对当代艺术，比如舞蹈，特别是现代舞的发展趋势产生了影响一样，后者也体现出富勒的舞蹈对未来主义者的文学和美学"产出"产生了更不可预测的影响。

这样一种以舞蹈的形式体现的蜿蜒扭曲的艺术，不仅能激发在作品中添加机械元素作为载体的灵感，更是成为此种载体的中心，这一现象的成因非常让人着迷。同样让人着迷的是，未来主义者对舞蹈这一艺术形式的着迷，仅仅来源于舞蹈过程中动作自由舞动和快速有力这一设想的成因（Williams 2016：77）：马里内蒂在 1913 年赞扬了各个举办了名为"旋成了气旋的舞者"的主题展览，并在评价与展览同名的"旋成了气旋的舞者"时发表了上述内容（2009b：127）。这种毫无争议的物体性本身可以理解为一种技术手法，这也明确了为什么活跃在未来主义运动潮流中的艺术家和作家，给予富勒这样的舞蹈家极高的历史地位。富勒是马里内蒂最为推崇的现代主义舞蹈家，马里内蒂在自己具有宣言性质的作品《未来主义者的舞蹈》（2006）中描写了未来主义是如何"偏爱"使用了"机械道具"的舞者的（2009b:210）。特别是富勒，比较重要的点是她的蛇形舞蹈中存在能吸引在技术和表演维度上都算得上先锋性质的艺术运动注意力的元素。通过将自己的身体与面料、器械混合起来编排成蛇形舞，富勒甚至促成了一种舞蹈结构技法的产生：不仅产生了字面意义上的"美的线条"，还能在表演过程中激发马里内蒂称之为"跪倒在这如陀螺仪般高速旋转——每分钟 20000 转的速度面前"的感觉（2009a：225）。从探索本文谈到的观点和对象的视角出发来看，这在马里内蒂称之为"连续的波浪起伏装的薄纱"的，对未来主义者舞蹈的表现力方面算得上非常了不起的。正如马里内蒂作品集的尾注中所说："罗伊·富勒这样使用起伏波浪状的薄纱的手法体现了极强的技术熟练度。"（Berghaus in Marinetti 2006：468）马里内蒂这句用来描述富勒的评价可谓十分贴切。

而且，未来主义者的各种宣言性的论述使这些作家和艺术家在线条和平面上倾注的价值被刻画得日益清晰。这样的方式也体现出他们认为的"令人恐惧"的线条在协助表达"一种杂乱无章的兴奋感"方面是能发挥作用的（Boccioni 等 2009：49）；未来主义者使用"力量线条"这一词语来描述情感和动作的表达载体（Boccioni 等 2009:48）。荷加斯，这位几乎将自己的文章全部聚焦到融合了自己在追寻美的过程中对线条的审阅的艺术家，有如下的表述："有了所有的运动都以线条的形式存在的想法后，就不难理解，动作的优雅程度取决于在形式上产生这种美的过程中体现出的一样的准则。"（1997:105）富勒在表演蛇形舞蹈时用到的杆子和布饰起到了假肢的作用，富勒的动作编排设计使这一个整体延展成机械形状，她设想的运动线条和平面所达到的特殊效果也通过这个机械形状表达了出来（Williams 2016：81）。此种曾把芭蕾舞解读为"高度机械化且有恋物倾向的艺术形式"的"充满诱惑力的动态主义错位"，（Williams 2007: 139）协助观众们去理解未来主义者们的概念，将其有关内在狂热力量的概念转化为身体美学表达。

这样做的结果，就是具有未来视野的"机械形成论现代主义"潜力，（Williams 2007：32）即展示面料不仅可以用很有美感和诱惑力的方式来表达动作本身的感情，还能通过动作表达感情。正是这一内部感受的外部物理性体现，以及表现的方式，才是这些论述的兴趣点，由此也引发了如下的问题：情感和感受这样在本质上无法触摸的事物，是如何固化成那种能看得见的，还能吸引观赏者的事物的？

将美的线条作为一种结构，即将内在的情欲方面的感受渲染成外在可表现，在这种语境下再来思考这一点，带来了另一个结果，就是奥吉在证明荷加斯的"线条"是与情欲主义联系在一起的观点时，使用了名词"暗示性（suggestiveness）"和"潜力（potentiality）"（2001:64）。这两个词语的使用非常重要，每一个都十分恰当地表现了情欲主义的直白和含蓄的一面，当两者结合在一起时，则观赏者的视线开始从蛇形线的这一头扫描到那一头，将他们带入激发自身想象力的旅程。此外，奥吉补充道：

> 最后，荷加斯流派的美与优雅，没有成为那些抽象的形而上的概念，或者是使用一系列规则而形成的美学成果，而是以一种可以通过视觉体验和想象力的迸发来感知的，追求稍纵即逝感觉的，"鲜活的"现象的艺术形式出现。观赏者自己的视觉和想象力在其中也扮演着重要的角色。
>
> 2001：66

这段简短的总结体现了"暗示性（suggestiveness）"和"潜力（potentiality）"相对于蛇形线——也就是美的线条——作为一种视觉构建方式的重要性，并额外地为蛇形线的重量感打破潜在的各种边界之后拓展自己，舞动自己创造了可能性。

荷加斯还写道：

> 有些舞蹈很愉悦，仅仅是因为它们由种类多样的动作组成并在恰当的时机进行了表演，但它们包含越少的蛇形线或是波浪形曲线的元素时，他们则越不能接近大师级的水准，原因正如已论述过的，就是当人体被剥去了模仿蛇形线元素的能力时，人的身体也就仅仅成为一个可笑的躯壳。
>
> 1997:110

这是个很有趣的视角，对蛇形线理念的拓展不仅强化了通过舞蹈这一媒介表现出来的动作，还引申出如果不对模仿蛇形线的舞蹈动作进行增强的话，舞蹈和舞者便会被降低到荷加斯定义为可笑的水平上。而且，富勒的蛇形舞还通过她用来强化各种美的线条效果，假肢般的道具——包括编织物在内——而实现了更大范围内的强化。荷加斯似乎有这样的认识：正是这一美的线条占据绝对主导状态，才最终提升了舞蹈和表演舞蹈的舞者的价值。需要注意的是，未来主义的摄影家安东·朱利奥·勃拉盖格利亚（Anton Giulio Bragaglia）坚信，相比于关注对动作的准确还原，未来主义者更应该对"能引发情感，那种能在我们的意识中带来悸动记忆的情感"有更迫切的追求（2009:36）。富勒和受她影响而创作出各自艺术版本的表演艺术家，通过蛇形舞这种外在的转换形式，探索出了一种将一般认为无法通过肉眼看到的内在情感转化成肉眼可见事物的方法。这样一来，此种方法也不仅能为勃拉盖格利亚表现的物体提供可触摸，可观察的样本，也能进一步揭示奥吉对美的线条与性诱惑表达之间存在何种联系的思考。

欲望，幻想与恋物

如果要换一个角度来审视这一切的话，朗达·加里克（Rhonda K.Garelick）有关"芭蕾舞女演员的另一个自我"（2007:133）的研究，为我们提供了一些值得关注的内容。在对富勒的研究中，加里克坚信芭蕾舞女演员"舞台之外那种充满欲望、肉感十足的人格，得以在舞台上通过舞蹈演员的角色释放出来。起舞的天鹅或是飘荡着的幽灵，和充满诱惑力的人体是很容易实现共存状态的（2007:133）。"马里内蒂也观察到类似的现象，各类剧场中，都存在一种"让人放空和愉悦"的事物，他就引用了"情欲刺激"的说法，并表示这是实现这一事物的方法（2009b:126）。联系上文的要点再来探讨这个想法的时候，我们可以确立这样一个论点，那就是就像之前有关扇子舞的评论，不论这种"肉体的展示"多么让人着迷，美感存在于肉体之外，在富勒的例子中，她的表演中溢出到观赏者眼中的美感，并不是大斗篷的道具包裹着下的她作为舞者本身的性感。富勒为了在舞台上呈现蛇形舞而创作的技术手法，扮演了扇形道具类似的角色，因为这些手法"创造了一种通过标志来交流的语言来确立'机械和身体'是否处于协调状态。（Garelick 2007：123）"因此，这里关键的争论点，就是舞者能通过身体之外的事物来表现情欲的能力。这能力就像往延展的面料中浸染了一层极美的情欲，然后还要以婀娜多姿的方式渲染出来。

富勒创造的舞台效果和她实际的身体尺寸之间存在差异，这一差异是刻意营造的或是出于其他原因，我们不得而知。为了支持这一特别视角的观点，艺术家朱尔斯·切雷特（Jules Chéret）为了宣传一场在巴黎剧院"女神游乐厅"（Folies Bergère）举行的演出，做了一张富勒的海报，为我们提供了一个很有趣的素材。这张海报与富勒本人的脸以及体型完全不符（Garelick 2007：166）；而且，也没有还原富勒版本的蛇形舞的技术特点，就是那种富勒被眼花缭乱的宽大布饰道具萦绕着、包裹着的沉浸感，而这恰恰是富勒舞蹈的精髓。还有一个特别具有说明性的例子，即切雷特在1893年左右创造的表现芭蕾舞女演员的作品。大家普遍认为海报里芭蕾舞者是更传统的芭蕾舞女演员，而不是受富勒的外形启发而制作的形象。尽管有人已经指出，这个人物本身不是富勒，但其还是表现了富勒的舞蹈艺术之中最重要的蛇形线元素。不仅如此，这些蛇形线还能体现荷加斯坚信的用最优美的姿态施展动作的要素。在切雷特为模特选择的姿态中，美的线条体现得淋漓尽致，但切雷特的刻画手法中的印象主义痕迹暗示出与富勒的技法完全相反的一面。切雷特不仅把围绕舞者的布饰设计得十分贴合以表现舞者的体型，还十分注重细节，比如表现出她的肋骨、头、脸还有飘逸的长发。前文论述过，富勒通过特别设计的道具隐藏了自己的身体，她还会确保围绕着她的布斗篷和她舞动布斗篷的方式会成为舞蹈的焦点，此外还要保证蛇形舞蹈表现力的整体性。有一点是毋庸置疑的，作为舞蹈道具和舞蹈动作的黏合剂以及催化剂，富勒的身体确实是在全过程中都被遮掩着的。这一角度的内容会在本章后续内容中做探讨。

切雷特不是唯一一位创造视觉偏差的艺术家：比如同时代的让·德·帕莱奥洛格（Jean de Paleologue）的绘画作品《洛伊·富勒的每一晚》（*La Loïe Fuller Tous les Soirs*），也属于为女神游乐厅（Folies Bergère）而设计创作的作品，也是更多地表现了一位"舞者"而不是准确地还原富勒，以及她追寻的艺术目标和其蛇形舞的野心。德·帕莱奥洛格（有时他也会把自己的签名写为 PAL）的这件作品，则是把画面中的模特设计成包裹着白布的状态，因此更有效地向外界传达富勒也试图营造的印象——与她的动作和谐一致舞动的白色丝绸以及"短暂形成的图形"之上的"光线的舞动"状态的营造（Garelick 2007：42），而不是像切雷特表现的那样，充满了艳丽的颜色。更重要的是，之前也提到过，富勒的表演能唤起观赏者情欲的感知。同样的，这一把美的线条的情欲玩法和对扇舞的表现联系起来的理论，就是要表达，"正是这种特殊的，在动态运动的过程中释放着、表露着的舞蹈动作"才表达了"这一动作的表演者的思想和感情"（Rosenthal 2001:122)，那些希望将富勒塑造为艺术之神的艺术家和雕塑家们希望捕捉的，也正是这一对情欲主义的认知。而且，这些艺术家在还原富勒的过程中，也在往表现这位当代主义舞者的各种二维—三维的艺术还原作品中添加他们自己和观众的欲望、幻想，甚至是恋物元素（Garelick 2007 : 170)。

如果从前文论述过的把面料和肉体分离开来的语境下来审视这一点，就会发现因果闭环（circular cause and consequence）的概念。通过波浪起伏的薄纱在运动中形成的美的线条——不管是实实在在的线条，还是字面意义上的线条，都赤裸裸地表现了感官欲望。但是，这一切能形成完全依靠舞者精准的动作，即舞者身穿布斗篷的蛇形扭动。没有芭蕾舞女演员作为必要的舞蹈发动机，就不会有蛇形舞，没有"陀螺仪一般的旋转"，没有根植于"感官欲望内心"的"追寻的乐趣"，也就因此失去了从充满吸引力的面料穿着中获得性暗示的潜力。正如加里克坚信的那样，富勒也许曾"拒绝把芭蕾舞女演员的身形作为充满性吸引力的商品"（2007 : 150)，但她和她后续的蛇形舞蹈家配合编织斗篷而精心设计的舞蹈动作，通过展现大量美的线条元素，还是隐约地透露出一种感官欲望，也正是蛇形线的辅助下，面料本身才具备了表现欲望的潜力。

"快速运动的愉悦"

以上述内容为参考，可以由此论证，任何试图捕捉富勒独特的蛇形舞精髓，却局限于用二维甚至是三维艺术改编，所做出的努力都会是徒劳的尝试。至少女神游乐厅的海报艺术家就做过这样的尝试。原因就是，其精髓正是在于不断地运动。这不仅是从富勒的视角出发，至少目前我们能够认识到这也是她自己的意图所在，也更是从本段所探讨的论点的视角出发——那就是，布饰的运动才是把舞者身上蕴藏着的，无法被看到的事物进行转化的载体，并把这些事物释放出来，转化成可以通过肉眼看到的事物，并由此为观赏者带来可感知的价值。皮肤之上的薄纱发挥着非常特别的作用，因为"作为身体内部和外部进行交流的最精致的地带，皮肤就是接受和发送（向内的）感官数据……以及（向外）表现体内情感回馈的地方。（Ogée 2001：66）"有观点认为，内在感情通过薄纱这样的物质向外转移，有理论进一步延展到"薄纱之上的薄纱"，这个观点和理论都是可以找到支撑素材的，那就是休姆所论述的"所有感情都依靠于真实的、实在的视觉图像或者声音，感情是物质性的。（2003：38）"罗伯特·波勒穆斯（Robert Polhemus）在提及他称为"典型的奥斯汀式短语：'快速运动的愉悦'"时也有过类似的观点。他评论说"所有的舞蹈实质上都是求偶的舞蹈。舞蹈的目的，还有方法，就是通过快速的动作带来愉悦"。这段评论也让我们所做的有了依据，并由此提供了语境。这也是确认了现存整理的荷加斯的理论，也强调了未来主义者的兴趣点，那就是不仅是舞蹈或者是动作，还是追求急速状态的动作。此类运动的物体感还有蛇形舞中蕴藏的自由感，都支撑了荷加斯关于他的"线条"的抒情叙事，而且为他一直以来坚信的观点奠定了基础，即无法通过数学计算来表现自己心目中理想的蛇形曲线就是美的线条（Paulson 1997：xxviii）。

当然，要创造一种蛇形的布饰带来的视觉效果，却不是以人体为中心的版本是完全可行的，这种从未来主义者的视角出发而带来的纯粹机械（以及合理地围绕机械来展开设计）的版本是非常充满吸引力的。然而，正如上文已经论述过的，未来主义者对富勒很着迷，而富勒作品的核心是身体和作为道具的延展假肢的融合带来的质变，更进一步说，就是人和机械的融合，这是未来主义者的美学和文字作品中最显著的特征。因此，一般认为如果要捕捉每一个可感知的线条的扫动、旋转、滑动中所蕴含的每一点诱惑性的、情欲的、恋物的细微差别，那么只有作为主角的舞者才能成功地把内在的情感转化为外在的现象。当然，荷加斯提到过一个前提，那就是绝对依靠眼睛，而不是任何"数学演算"。"数学演算"在荷加斯看来是他"目的之外的事物"（1997：65）。荷加斯的这一信念在两个世纪后也得到约翰·杜威（John Dewey）的认可。约翰·杜威写道"曲线……有很宜人的感觉，因为它顺从了眼球运动的天然趋势。（2005：104）"这一在直觉方面的要求，对需要理解眼前之物的观赏者，以及对需要把向观赏者表露并最终吸引他们的内在情感通过身体舞动的方式演绎出来的舞者来说，是同等重要的。

总之，《美的线条》论述了一种结构，向外界展示了一种能在观赏者内心诱发审美创造力迸发的运动，尽管这种创造力的迸发需要一定前提，即要把观赏者的想象力发挥到潜力的极致边界。运动状态的线条，会让观赏者的体验更动态，感官刺激更强烈。把这一前提进行拓展，以包含比如舞蹈作为媒介的动作之上的内容，那么观赏者内心被扰动的感受其实还可以得到指数级的强化。洛伊·富勒（Loïe Fuller）可以被称为一位艺术家、或是一位设计师、发明家、舞蹈家，舞者，她身上很明显地隐藏着一个舞者的人格，这是她的蛇形舞如此生动最重要的一点，特别是在本文的语境下，尤其如此。当观赏者的意识全部被眼前旋转的舞者延展到整个舞台的，波浪起伏状舞动的闪闪发光的丝绸占据的时候，也就不难想象情欲认知会被怎样地加强。甚至可以合理地推断，舞者们都有义务"消失"掉，都要自觉接受完全覆盖在这些创造了独特舞台效果的机械和编织物之下的状态，这样才能让蛇形舞达到最理想的生动状态。当然，如果舞者们不能接受，那他们至少在表演的技术层面需要从视线中消失的时候能接受这种"消失"的"义务"和"自觉"。这样，这个舞台上的"物体"中潜在的一个干扰就不会影响到表演者／观众的认知处理过程了。要知道，一个人体形状的事物突入到舞台的表演中的时候，会对观赏者的意识施加较大的影响，进而可能影响观赏者想象力的发挥。观赏者的互动也就因此得以聚焦，想象力也因此得以释放，以自由探索并理解舞者的身体之外的事物，那种只存在于眼前的蛇形扭动的壮观景象之中的事物。蛇形舞之中，美的线条成为一种机制，让观赏者被引诱到异常围绕着暗示和潜力展开的"旅行"中，这场"旅行"引导着眼球在薄纱中套着的薄纱中愉悦地穿行，直到薄纱贴合到把荷加斯描述的蛇形线条完美地暴露出来的事物。奥吉的"荷加斯式的美丽和优雅"的前提协助提升了美的线条，使这一视觉结构本身促成了奥吉所说的"稍纵即逝的、鲜活的、物质性的现象"（2001:66）的出现。以此为基础，便产生了内在情感通过布饰斗篷的蛇形扭动与观赏者产生联系的条件。一般也认为，正是通过这样的方式，美的线条也就以高效激发审美产出的方式进入"真实情欲主义内心"的中心地带。

参考文献

Apollinaire, G. (2001), "Art News: Women Painters (Le Petit Bleu, April 5) " in L. C Breunig (ed.), *Apollinaire on Art: Essays and Reviews 1902–1918*, trans. S. Suleiman, 227–30, Boston: MFA Publications.

Boccioni, U. et al. (2009), *The Exhibitors to the Public 1912*, Exhibition catalogue, Paris : Galerie Bernheim-Jeune . "Exhibition of Works by the Italian Futurist Painters," Sackville Gallery, London, March 1912 , in U. Apollonio (ed.), *Futurist Manifestos*, trans. R. W. Flint, 45–50, London: Thames and Hudson Ltd.

Bragaglia, A. G. (2009), "Futurist Photodynamism 1911," in U. Apollonio (ed.) *Futurist Manifestos*, trans: C. Tisdall, 38–45, London: Thames and Hudson Ltd.

Burke, J. (1955), "Introduction," in W. Hogarth, *The Analysis of Beauty*, ed. J. Burke, xiii–lxii, Oxford: Clarendon Press.

Concise Oxford English Dictionary, Luxury Edition (2009), 11th edn, eds C. Soanes and A. Stevenson, Oxford: Oxford University Press.

Dewey, J. (2005), *Art as Experience*, New York: Perigree. Garelick, R. K. (2007), *Electric Salome: Loïe Fuller's Performance of Modernism*, Princeton: Princeton University Press. Hogarth, W. (1997), *The Analysis of Beauty*, ed. R. Paulson.

London: Yale University Press.

Hulme, T. E. (2003), *Selected Writings*, Manchester: Fyfield Books .

Marinetti, F. T. (2006), "Futurist Dance," in G. Berghaus (ed.), *F. T. Marinetti: Critical Writings,* trans. D. Thompson, 208–17, New York: Farrar, Straus and Giroux.

Marinetti, F. T. (2009a), "The New Religion-Morality of Speed," in L. Rainey et al. (eds), *Futurism: An Anthology*, trans. L. Rainey, 224–9, New Haven & London: Yale University Press. Marinetti, F. T. (2009b), "The Variety Theatre 1913," in U.

Apollonio (ed.) *Futurist Manifestos*, trans. R. W. Flint, 126–31, London: Thames and Hudson Ltd.

McGuinness, P. (2003), "Introduction," in T. E. Hulme, *Selected Writings*, vii–xlv, Manchester: Fyfield Books.

Ogée, F. (2001), I: "Crafting the Erotic Body: The Flesh of Theory: The Erotics of Hogarth's Lines" in B. Fort and A. Rosenthal (eds), *The Other Hogarth: Aesthetics of Difference*, 62–75, Princeton: Princeton University Press.

Paulson, R. (1997), "Introduction" in W. Hogarth, *The Analysis of Beauty*, ed. R. Paulson, xvii–lxii, London: Yale University Press.

Poggi, C. (2009), "Introduction" in L. Rainey et al. (eds), *Futurism: An Anthology*, 305–30, New Haven & London: Yale University Press.

Polhemus, R. M. (1982), *Comic Faith: The Great Tradition from Austen to Joyce*, Chicago: University of Chicago Press, Rosenthal, A. (2001), "II: The Anatomy of Difference: Unfolding Gender: Women and the "Secret" Sign Language of Fans in Hogarth's Work," in B. Fort and A. Rosenthal (eds) *The Other Hogarth: Aesthetics of Difference*, 120–41, Princeton: Princeton University Press.

Turner, J. G. (2001), "I: Crafting the Erotic Body: "A Wanton Kind of Chace": Display as Procurement" in *A Harlot's Progress and its Reception* in B. Fort and A. Rosenthal (eds), *The Other Hogarth: Aesthetics of Difference*, 38–61, Princeton: Princeton University Press.

Williams, G. (2016), *Propaganda and Hogarth's* Line of Beauty *in the First World War*, Basingstoke: Palgrave Macmillan.

对情欲的思考

"小死亡"（*La petite mort*）是法语"高潮"的意思。当我们来到或离开这个世界时，无论是包裹婴儿的襁褓，还是包裹离世之人的寿衣，都与面料相关；而出生和死亡也离不开人类的肢体接触。皮肤可以感知到面料，并对这一外来的薄膜作出反应，而令我感兴趣的是，面料本身不会动，但是是可变的，通过面料，可以感知到人的感官，也可以看到人的感官。

莉兹·里德尔

11

第十一章
电影中情欲的面料

莉兹·里德尔

本章主要关注异性的吸引力以及通过电影中用到的面料所展示的情欲。我们可能会因为面料的一般功能而忽视它，它们却围绕在我们身边，包裹着我们，浸润在我们的汗水中，留下了我们的印记和气味，以及所有性、生命和死亡的元素。

如果一个电影制作人把染透了血、汗渍或者其他黏液的面料，同其他整洁、干净、纯白的被套摆在一起进行对比，并通过这种对比来刺激人们潜意识中对"欢爱"的认知，这可以向外传递一系列的情欲和恋物体验。"性诱惑，当然是很个人化的体验，但这不意味着这种体验不能存在于电影中的那个普遍化的世界里。电影是一部分人群的概念的外在表现，也同时是每一位观赏者个人世界中的一个概念。"（Webb 1979：290）。

奥斯卡·王尔德（Oscar Wilde）的话剧《莎乐美》(*Salome*) 中，希律王说只要主人公莎乐美为自己跳一支舞，他就会给她任何她想要的东西作为回报。莎乐美的性魅力在她的回应中表现了出来。她跳了一支面纱舞，然后她为此选择的奖励，就是施洗者约翰的脑袋（意思是杀了他）。要知道，施洗者约翰可是她垂涎的人。莎乐美的选择可以说是完全不让王尔德追求简约的舞台效果，因为"莎乐美献上了极尽优美性感的七面纱之舞"(Fothergill 1996：253，236)……面纱可以是遮盖，也可以是表露，这都取决于是谁在面纱后盯着谁。电影版本的莎乐美，不管是 1953 年丽塔·海华丝（Rita Hayworth）饰演莎乐美的版本还是 2013 年由阿尔·帕西诺粗犷的演绎版本，都向我们展示了一种标准化的，带有诱惑力的七面纱之舞。本段所讨论的电影，都或多或少释放了欢爱的氛围还有贴身的面料带来的紧张感，但这些都没有能成功复制标准化的莎乐美的电影那样的诱惑力表现效果。电影《雨中曲》(1952)，《六福客栈》(1958)、《了不起的盖茨比》(1974)、《花样年华》(2000)，《我也不》(2015) 将面料作为载体和绝对的主角，成为他们各自故事线中不可分割的一部分。

电影会设计故事情节，让抽象的面料图案动起来以向外界传递情感。面料可以创造氛围，可以标定转场节点，在一定的语境下可以达到推动叙事的目的。面料本身也能被塑造出诱惑力的，不过这一点必须要与颜色、形状、声音还有运动结合在一起才能实现。面料材质的事物或者碎布片也能体现叙事的角度，作为画面的主角，意味着情感已经成为故事的结局必不可少的要素。

在 40 多年的发展历程中，电影发展出了不同的流派和类型。尽管如此，电影还是使用了相同的视觉隐喻习惯，用相似的手法传递相似的理念。他们身上的共同点就是它们都有独特的个性化元素，而不是每个类型都有普遍的共性。不同外观的布料在电影中，以重复的、点缀性的方式不断出现，用一种无法言说的织布机一样的运动节奏感，传递并刻画着素材和最终影像成品的关系，就好像织布机把原料加工成整片的面料那样。通过聚焦面料，再配合一些转场剪辑，叙事也能获得前进的动力，在不用台词、旁白来讲述故事情节的情况下也能推进故事线的发展，还能更有延续性。事实上，影片中的面料，就像薄薄的胶片串联着影像中的叙事那样，串联着故事。演员们表达出了感情，而这些情感需要达到的美学效果在字面意义上被物化在面料中，需要通过面料表现出来。而且，这些情感在字面意义上排成了一个阵列，依次排列到一张张胶片中。随着放映机的运动，这个长方形的小舞台也就上演了这一切的故事。面料的诱惑力"温度"也因此与电影形式的总体氛围和语境形成了共生关系。前文已论述过，什么是"很有诱惑力"是极其个人化的感受。然而，男性具有征服性的深情凝视，就像穆尔维（Mulvey）所写的"无可撼动的，主流的电影把性诱惑力融入绝对男性统治的社会结构的语言中"（1975 年）所定义的那样，是可以探讨的话题，但不是本篇文章所讨论的具体议题。此处的焦点，是弗洛伊德所说的"窥视癖"："看"带来的愉悦，对"看"这一动作的享受，结合本文要讨论的主题，那就是"看"贴身布料的运动。

面料的隐喻性暗含于许多相互关联的看法和解读之中，这些看法和解读反映了个人处于性行为的边界和隐私之中的反应。因此，对于布料作为载体表现出的诱惑力，其定义是松散、模糊、流动的。人们只能通过表达、进行类比、描绘相似特征，才能拓展事物、东西或性的Stoffa。意大利语"Stoffa"既可以指代"东西"也可以指代"纺织物"。与 Stoffa 一样，其他语言中的双关语也全部都会把"东西"和"性"联系在一起。

布料诱惑力的其他角度，还有半透质感，光滑整洁的丝绸激发的诱惑和暗示。

解释电影的叙事节奏和象征符号引发的共鸣，这种尝试始终是带有一定隐患的，因为视觉的手段把想法塞入脑海中的速度远远快于纸质文字或者语音的手段。因此，想要对某人看到的事物进行拓展，那这些拓展带给这个人的冲击也会较为有限。

同其他媒介相比，电影更能够表达情欲的微妙之处，因为动态图像可以轻易展示和暗示触摸与欢爱的物理节奏。然而，本章谈及的面料是相对较为"纯洁"的。[1]"纯洁"的面料有没有实例？这样的面料能存在于这个世界上吗？历史上，非机械编织的面料充满了手工的痕迹，从采集原料（比如，剪羊毛）到吐丝、编织、裁剪，然后成形。上述电影的例子中，面料很突出，因为对个人体验的特定细节的刻画通过不断的、重复出现的面料元素而得以提升，也越来越准确地实现个人化。……这些受到不同效果影响，十分活跃的编织物影响着电影情节的推进。

隐喻

在《雨中曲》中，吉恩·凯利（Gene Kelly）和赛德·查理斯（Cyd Charisse）在一个超大的露天舞台上一起跳着舞，作为主线故事之外单独的"次要情节"。一台鼓风机吹起了长长的白布，用来比喻"纯洁的"

芭蕾舞，把两人结合在了相互爱慕的诱人拥抱和这段爱的舞蹈之中。实际上，两人装出了这样的亲密，场景一结束后两人就不耐烦地分开了。

波浪起伏的布交织在一起，体现了两人之间的相互热爱和对舞蹈的热爱。两人在那段情节的整场表演中都被那白色透明，一直舞动着的布匹捆绑在了一起，在分开的舞蹈节点彼此瞬间分开。这种外在的吸引力是舞蹈的性感元素的一部分。围绕着他们波浪起伏的布料，作为代表着他们的感情得到升华的第三个组成部分出现，这种性感的元素也得到了进一步拓展。值得注意的是，所有这些都是伴随着配乐来支撑的。这段表演作为小插曲出现在剧中，强化了查理斯作为"别的女人"的角色，而不是作为主角的凯利真正"相爱"的那个苹果派女孩。查理斯在影片中纽约的第一个子场景中扮演过类似的角色。那个场景中，她打扮成黑帮的模样，黑网袜贴着她丰腴的身体，搭配令人羡慕的绿丝绸。这一幕中，她的长腿一眼看上去就是性的化身。

这里飘舞的布饰充满了主动表演的意味，像是一条三维的蛇形线（Hogarth 1753），也成为这对二人组中的第三个角色。雪白雪白的，暗喻着大家熟知的圣经中的那条蛇[2]。这个元素可不像是无足轻重的雪纺绸，也不是芭蕾舞突突群，而是给他们的爵士舞增添了一个力量感十足的道具：所有肌肉蓄势待发的力量。他们梦幻般的探戈弧旋和随着舞步营造的波浪感"协商着"。电影的序曲就是通过这些形体健康，又充满诱惑力，英俊帅气的演员所表演的舞蹈而把性感的基调确立了下来。白色布匹充满诱惑力的飞舞、叠成褶皱、漫天交织、飞向远处，卷成一团，把两人捆绑在一起，这个画面出现带来的压迫感也把他们的"电吸引力"推上了新的高度，布匹的长度体现出即将到来的卧室风暴的清新典雅，但两人又害羞地避免着这一切。它象征着欢爱的动作，却不显露汗水。自始至终，面料都是两人之间一个可变的潜在因素，一个被阉割的闯入者或指挥者。在男女主角的二重奏中，面料是至关重要的第三角色，能够反映感官欲望，发挥挑逗、悸动和越发兴奋的作用。织物通过自己天然的模糊感，体现出一种舞台上的次要事物完美存在的状态；给舞蹈注入能量，为舞者的起伏找准节奏，聚集。但这一幕毕竟只是主线之外的插曲；它自成一体，是一个看上去似乎是自我引诱的秘密，就像病毒一样，能感染人但一直不被发现。作为插曲，编剧们没有用这段情节来制止人们对于故事的"真实性"的怀疑的压力，这段情节也完全可以独立于整部电影之外[3]。有说法表示他们表演的服装与印度传统服饰沙丽很像，这为与印度电影进行类比提供了可能性。娜塔莉·萨拉金（Natalie Sarrazin），在她谈到一个西方人开始深情凝视着一个印度教音乐剧中的女性时，引用印度电影《化外之民》（*Pardes*，1997）的配乐《我上衣下有什么》（*Choli ke Piche kya hai*, 1997），精确地指出了印度电影《恶棍》（*Khalnayak*，1993) 中这一特定的变化。"在风吹过她的头发、撩拨她的裙子时"，女主"摆出了一个略微诱人的姿势"。（Sarrazin，2008：12）这些关键性的时刻刺激了不同电影流派之间的联系，以及在好莱坞和宝莱坞音乐剧中通过面料表达的潜在情绪。此外，正是舞蹈的共同点解放了身体，宣扬并拥抱其自然的欲望，并在"父母指导下观看"的"纯洁"背景下，将其展露无遗。萨拉金对求爱歌曲的讨论则是另一个有意义的比较，因其重点关注这对爱侣的分离，而我们常人则可能重点关注的是这对爱侣的共谋。

升华

在《六福客栈》（1958 年）中，通过不同类型的服装所蕴含的叙事手法，传达了一系列与性、工作和性别相关的微妙阶级关系。缠足的习俗成为进入另一种文化的开胃菜，揭示了它作为一种神秘但仍然有价值的习俗在社会变革中的作用。同样地，一件奢华的真丝旗袍则彰显着富足休闲的生活背景。两者都与面料有关，都与性有关（浪漫的或其他），都是叙事的基础。故事发生在第二次世界大战前动荡时期的中国阳城（丝绸制品的发源地），尽管拍摄于威尔士，仍旧有一种真实的魅力。

中国背景下展示的异域风情暗示了对"东方"情色的偏爱 (1978 年)；的确，一种殖民主义传教士的热情被传达出来。然而，在这种氛围衬托下，林南（克德·朱尔吉斯饰）因为混血，而在童年时所遭受的种族歧视通过一种有趣的方式展现出来。他的荷兰父亲带着他和他"美丽的中国母亲"回到了荷兰，但她成了笑柄，被他父亲抛弃并送回中国。这显然伤害了林南，后来他问葛拉蒂（英格丽·褒曼饰），"一个异族人的爱会冒犯你吗？"[4] 那天晚上，她穿着红色旗袍，欣然接受了他。林南来到这个省是为了推进反缠足运动，"目的是推进妇女平等"，因为缠足使得妇女必须穿莲花鞋[5]，这是一种陋习。

为什么这个故事和情欲面料的主题有关？从表面上看，这个温和的"感觉很好"的古老故事包含强烈的女权主义思想，只是出于礼貌地用浪漫主义调和了，它以孤儿为主角，而他们又是不同形式的性接触的"自然"产物。事实上，其中"六便士"（Sixpence）就是以一名妓女为原型，她戴着闪闪发光的珠宝，脸上挂着迷人的微笑。葛拉蒂被阳城当地政府邀请做"反缠足监督员"（罗伯特·多纳特在影片中最后一个角色），来改变公众认知，推进禁止女性缠足运动，缠足习俗起源于 10 世纪末中国宫廷里的舞者，后来被用作强化阶级等级制度的工具。缠足在有威望的富足家庭中很受欢迎，因为富人家的女性可以不用工作。在面料和时尚的故事中，这是一种炫耀性消费，但在时尚的性别政治中，究竟又是谁在"消费"谁呢？莲花鞋是专为娇小、新月形的缠足（通常有 10 厘米长）而设计的鞋；被裹成"花瓣"形的足比美丽的面部更为珍贵，并成为美好婚姻的必要条件。妇女行动受阻被迫待在家里或离家不远的地方，因此妇女的独立性受到限制。我们在影片中见证了一位老妇人劝导妇女们解开脚上的裹脚布，尽管在长久畸形的情况下这样做是危险的，但却是开创性的。从表面上看，这样的举动和情欲无关，从三个维度描述了一种释放，同时还传达了一种反抗现实的轻松感和兴奋感。从本质上看，这种举动和女性散开自己的头发是一样的。抛弃旧俗代表着一种信号：这是女性迈向平等的一步。

　　相较之下，在电影中，葛拉蒂独立、解放，穿着普通工服。所以，当电影向观众呈现放在漆盒中的红色真丝旗袍时，这款奢侈品因其不同，产生了巨大的影响。这件旗袍预示着葛拉蒂未来的性意识，让观众们注意到她那潜藏的无性恋自我观（她告诉林南，"我在那方面没有吸引力。"）在这种情况下，红色象征着幸运，也是中国传统婚礼服装的颜色，因而也暗示了她即将到来的浪漫爱情与婚姻关系。她声称自己并不爱慕虚荣，总是穿着夹克和裤子的普通中式工服，因此，这件旗袍具有象征意味，是有意送给她的。上等丝绸制成的旗袍色彩鲜艳、造价昂贵，常常是由中国高级晚宴上招待贵宾的舞者所穿。她们站在舞台幕布后面，按照要求进行表演。精雕细琢的红色漆盒呈心形，像贝壳一样打开，露

第十一章
电影中情欲的面料

出绚丽的旗袍。她把旗袍取出，贴在身上，享受着丝滑的感觉，幻想着自己穿上后的光彩炫目。她的姿态隐含着自我情欲之感，用双手勾勒着自己的身心，回应着林南[6]。后来，空袭后，不知葛拉蒂生死的林南在客栈废墟中找到了这件旗袍，抚摸着它，仿佛它是葛拉蒂本人，由此对它产生疯狂的迷恋。若她未穿过这件衣服，它便不会如此艳丽生动，只会死气沉沉。这件旗袍预示着他们可能的情愫。感官欲望在面料的边缘若隐若现，永恒存在着，暗喻着，从未明确表述出来，但从不迟到。

头对脚，脚对头：一顺一倒[7]

王家卫（Wong Kar-wai）的电影《花样年华》（*In the Mood for Love*，2000 年）[8]也有相似的暗喻式性评论，由苏丽珍（张曼玉饰）所穿的充满情欲的旗袍所引发，并围绕此展开。就像格拉蒂和林南一样，情欲都在暗喻和想象之中，就像贵宾晚宴的舞者一样，躲在幕布之后。事实上，在《花样年华》中，红色幕布的走廊这一镜头出现了两次，这样的重复同时伴随着苏丽珍重复变换的衣服，配合探戈般迷人的曲子[9]，营造出紧张且有限的个人空间。飘动的红色幕布延续了通过主人公传达给我们的模糊感觉。他们复制发生在各自配偶之间的事情，这是作品的另一个自反性重复。导演说："这些人都是好人。因为他们的配偶是先出轨的人，而他们拒绝出轨。没人在这些角色之上看到半点黑暗——但他们秘密见面，演绎出应对他们配偶和外遇的虚构场景。"[10]随着观众被带进一场半昏睡的旅程，镜头的微小变化将会传递一些信息，我们依靠推测来引导自己感受两方被抑制的激情。这是一个单相思的故事，通过描绘不同图案的织物和打包云吞面这一孤独单调的习惯，电影用非写实的方式来讲述爱情。

电影的艺术指导是经过严格编排的，苏丽珍身着色彩鲜艳的印花服饰穿过绵长的幽暗小巷，她那优美的身体曲线被包裹在紧身连衣裙中，面料束缚着她，塑造出她的身形，紧贴着她，勾勒着她，描绘着她。她的画面，就像弗拉基米尔·特莱切科夫 (Vladimir Tretchikoff) 的画作《中国女孩》(1951 年) 一样完美无瑕。当然了，电影背景被设定在 20 世纪 60 年代的中国香港，当时社会规则仍然严格，两个主角似乎必须尊重并遵守当时的习俗。

她的"裙子"及构成它的织物丰富了叙事，借由它们的色彩和图案改变电影的节奏；丰富的花朵，绚丽的几何图案，或二者相结合。电影中的有些戏装反复出现，而其他的则与电影中的重要事件，特别是配乐相配合。这些戏装都是高领的，严肃但富有异域情调，支撑起了整个电影，同时赋予了电影结构以物质和庄重，并真正将电影所围绕的情欲焦点囊括在内。电影的内景和外景围绕着色彩和图案的并置而进行，并由镜子反映出来。电影氛围是悲伤的，主角本有机会在一起，但被严格限制，被束缚。"我们被包裹在一种精神氛围之内，被包裹在情绪之中……（在这部电影中）什么都没有发生，只有衣服改变了。"（Bruno 2003：113-122）

面料，除了可以被触摸，它也可以像音乐和气味一样，徘徊于我们的生活之中，以一种超出它本身种类的微妙方式进行渗透。正是这种朦胧、难以把握的品质闯入了荧幕。正如导演所言，"在电影中，你所不可见的东西即是你所无法确定的东西。你只能靠猜"。[11]

司汤达综合症

1974 年的电影《了不起的盖茨比》讲述了 F. 斯科特·菲茨杰拉德（F. Scott Fitzgerald）那部有关畸形的爱的小说。在电影的两个关键场景中，对面料的使用都具有象征意义，暗含情欲转折：第一个是狂欢之中的杰伊·盖茨比穿着的彩色衬衫。然后是一条分界线，半透明的游泳池水波荡漾，在被谋杀的几秒前，盖茨比穿着泳裤，懒洋洋地躺在水中的气垫上。

奢华时尚的服饰、豪华的宅邸内饰，为电影的主导基调增添了富丽堂皇的色彩。在电影的刚开始，白色的巨帆扬起，帆船驶过海湾，富翁们在海滨的房产收入眼底，炫耀着他们的财富。身着白衣的盖茨比为他的派对提供了覆有崭新桌布的奢华桌子，在这些派对之中"男男女女如飞蛾一般来来去去"。小说对色彩的大量引用丰富了文本，而这在 1974 年和 2013 年版本的电影中也有体现。这两部电影导演分别是杰克·克莱顿（编剧是弗朗西斯·福特·科波拉）和巴兹·鲁赫曼。[12]

根据尼克的叙述，黛西、她的丈夫汤姆和盖茨比之间的三角恋有多个层次。他们的服饰，就如同洒过风景画幕布的彩色颜料小点一样，渗透进电影的整个氛围之中。电影中盖茨比更衣室的场景完全照搬自小说。"我有一个人在伦敦专门负责给我买衣服。他总会在每个季节之前，送一些精品过来。"盖茨比边说边轻蔑地将衬衫丢到空中。这些举动象征着他的特权和所有权，就像文艺复兴时期肖像画中的衣服一样。衣服如彩虹般落在黛西身边，证明他在世俗之中成就非凡。她把头埋在这些衣服里，哭着说，"我从未见过这么美的衬衫"，并在经历"司汤达综合症"那一刻的剧痛中颤抖着。黛西知道了盖茨比现在是个如此富有的单身汉，他那些昂贵的衬衫象征着强大的购买力，他想用这些东西再度吸引她；而黛西年轻时对他的爱这一记忆的复杂情感，也因为这些东西而烟消云散了。她的反应是如此可悲，盖茨比也因爱情而盲目，无视了她个性中暴露的贫穷。在充满竞争的男性外表对抗中，面料成为性的砝码。黛西丈夫所穿的精致衬衫能和盖茨比相比吗？她是否应该抛弃丈夫，选择盖茨比？尽管黛西离盖茨比的身体只有咫尺之遥——这些五颜六色的衬衫如雨点般落在她周围，她将它们拢在自己的脸上，深深地呼吸——它们用盖茨比的本质淹没了她，但不使她窒息——它们就是盖茨比。捧着一件桃粉色衬衫哭了一会儿后，她笑了，走到窗边，说："我真想采一朵那种粉红色云彩，把你放在上面推来推去。"她被迷住了，也明显地被感动了，这在电影中仅发生了一次。她承认她想控制他，因为现在他十分富有。

"富家女不嫁穷男孩"，这是盖茨比对他们年轻时爱情所遭遇的一切的评论。而如今他已富可敌国，黛西想要抓住衬衫的感官欲望升华（sexual sublimation）所引发的机会，来和他重温旧爱。衬衫原先被规整、有序、折叠地垒放在一起，现在也重获自由，落在地上，它们象征着黛西解放的可能。"硬挺的衬衫"不受控制、散落一地——会有人把它们捡起，恢复原先的秩序。它们在多年的压抑和否定后"爆发"，让黛西和盖茨比得以重续旧情。黛西的哭泣，就像欢爱之后紧张的情绪被倾泻而出，在黛西干巴巴、低沉、结巴的声音之中是如此清晰，成为电影中紧张、断断续续的背景音乐。她的声音在文中被不断提及，粉色的涅槃云是她声音所去往的方向。

抽象表现主义

本书目前讨论过的电影在叙事方面都是传统的，用面料象征它们的主旨。《我也不》（2015 年）则相反，它专注于面料的图像，以及材料是如何对气流及后续编辑作出响应的。电影中的情欲描写，则来自活动中的彩色面料同被包裹在表演材料韵律的切分音之中的诗歌的结合。面料本身通过心灵而变得情欲。"一部成功的情欲电影会激发想象力和情感；它会启发一种共情；通过微妙的艺术表现形式来吸引观众的注意力。'色情影片'制作者的目标是短暂的生理刺激，和真正的情欲几无关联。"（Webb 1979：290）

绘画影响摄影，继而影响电影制作者的视觉隐喻。和绘画相比，电影的真正力量在于它是运动的，并通过线性叙事和一系列静止图片的并置和中断来展现运动。在我的电影中，我接触了荷加斯的画作，电影的镜头徘徊在画作之上，吸引人们注意破裂的表面，以及凭借画笔和颜料而展现出的层层叠叠的面料，同时，通过坚持辨别晶状体的膜在不断重复变化之中的幻觉和影射，来暴露媒介的二元性，即性行为本身的重复。《我也不》旋转了一系列的定格画面，而不是使用特定的图像来连接故事情节。[13] 我希望以一种共生的方式将文字和图像结合起来。电影标题取自简·柏金（Jane Birkin）和赛日·甘斯布 1969 年合唱的《我爱你，我也不爱你》（Je t'aime ... moi non plus）。这首歌引起了轰动。高罗佩（Robert van Gulik）所翻译的 14 首诗（伴随这些诗的还有晚明时期情欲彩色版画），在移动中投射在运动中面料上的多层次连续镜头，这些则唤起了另外三个元素。第一首诗描述了"长生不老药"的形成，奢华和普通的床上用品出现在传统的位置，简单地设置了情欲的场景。诗提出了性力量的模糊的问题，面料被当作男女兴奋的载体，也承载了围绕性行为的紧张关系。我的电影避免表露明显的色情，运用跳接手法来暗示"华丽的战斗位置"，侧重于性兴奋的复杂性和性集合的重复本质。我的目标是在大脑和眼睛的切分协作之中，在一个同步的平台上集合大量的想法。

面料是无声的，但它是投影情欲的画布，无论是在绘画，摄影还是电影之中，它都为所有幻想提供了完美媒介，不管它们在性兴奋和欲望的行为领域是被压抑、被升华，还是被解放的。接下来的角度更进一步：面料的品质，谁对谁做了什么，或者谁经历了这些，谁又接收了这些？眼睛衡量织物的质地，将之与激情的程度等同；为了完成触觉体验的循环，触摸本身必不可少。在《我也不》中，口头之言的速度同"表演中"面料的视觉配乐相呼应。半透明的丝绸，与透明棉花一道，在情色文字的曲调中优美地活动着。这首诗虽然描述的是性行为，但仍距之一步之遥；其中有很多类比，即使被理解为诗歌破格的最极端形式，它们也十分动人。这就好像是一块屏幕，它存在于交合行为的现实之间，随着描述的发展，王尔德所唤起的"膜"也存在于此，成为可渗透的屏障——虽不具有实体，但你可以通过脑子和视觉感知到。织物既是可变的障碍，也等同于抽吸作用。就像诗中提到的缠足，虽然充满异国情调和情欲，但并不可见，[14] 所以这里的织物被情欲化了。它表演了动作，同时隐藏了动作，使之不为人所见。

作为编辑，我控制着情欲面料迷人、迂回复杂的网络，并进行隐蔽的类比，例如穿线的过程、故事的编造（类似制造一段面料）再加上刺绣的装饰。这几部电影讲述的煽动性欲的故事是一种拖延，快感和欲望被不断的颤抖停滞所延迟，其中蕴含着情欲性兴奋的本质和面料的弹性。

为了总结这个旋转和单足旋转的故事，并勾勒出抽象面料的图像，我们可以注意到，即便面料天生具有流动、移动和包裹的能力，但也并非它们都具有性能量。由让·雷诺阿（Jean Renoir）指导的《法国康康舞》（*French Cancan*，1954）向我们展示了，尽管如同埃德加·德加（Degas）画中的舞者一样一波接一波地走出，穿着有白色泡沫边的内裤，做出剪刀步的舞姿，电影的面料仍看起来毫无性感。菲利普·弗伦希（Phillip French）不这么认为，将之描述为："它的动觉美稳定地渐渐加强，达到强烈的情欲，更不用说达到高潮，顶点了。"说明了这个褶边是多么主观，并潜存性别偏见（French 2011）。这部电影描述的是红磨坊（Le Moulin Rouge），但现实生活中，洛伊·富勒（Loie Fuller (1862—1928)）是在女神游乐厅剧院中演出的，用她的"蛇形舞"展现了她自己创作的蝴蝶般的织物。1914 年接受《*Éclair*》杂志采访时，她评论道："我想创造一个新的艺术形式，在此之中艺术与视觉理论完全无关。"她并不试图成为一个理智的"莎乐美"。热烈的旋转织物赋予了她现场演出以质感 [15]，但讽刺的是，如果没有影片将之记录下来，我们现在无法见证她那神奇的欢愉。她的表演是非情欲的，因为它是如此流于表面；我的电影提出而不是描绘了性，通过画外音与织物操作相结合，使观众直接感觉到情欲。性仍然是隐晦的，处于暗示的范畴之中；进入我们大脑，带给我们幻想的，总是与软情欲相反的露骨的硬情色。

注释

1. 情色影片也是用面料和材料的行为来给性过程注入暗示性的震颤，并随后展示出不同种类的女式内衣。

2. 象征恶魔和肉体的诱惑。

3. 在电影《玻璃丝袜》（*Silk Stockings*，1957）中，有一组独立的镜头，是妮诺契卡在和她新买的丝袜"跳舞"，这是一个情欲的片段。赛德·查里斯（Syd Charisse）也出演了这部影片。导演：鲁宾·马莫利安。美国米高梅公司出品。翻拍自《妮诺契卡》（1939 年），导演：恩斯特·刘别谦（Dir. Ernst Lubitsch），美国米高梅公司出品，主演：格丽泰·嘉宝。

4. 当两个演员在英国观众眼中看来都是外国人的时候，这个问题越发讽刺。

5. 维多利亚和阿尔伯特博物馆馆藏也有中国的莲花鞋。

6. 林南上校是一名军事英雄，就像《勇敢的心》里面的华莱士一样，也将手工制作的面料和他所爱之人联系起来。或许这些也反映和描绘了男主角"更柔软"（更女性化）的一面？

7. Tete-beche 是指从上到下印刷，互相面对面放置的邮票。在电影中，它是一个描述电影结构的术语，即从头到尾，用这种相互关联的方式来表述。

8. 见 A.Yue(2003 年，第 128-136 页)。

9. 这段令人上瘾的音乐，在电影之中出现了 8 次。这段音乐最初由梅林茂（Shigeru Umebayashi）为铃木清顺（Seijun Suzuki）的《梦二》所作。

10. 王家卫的采访，最后访问于 2017 年 5 月 17 日。

11. 导演肯定了不可见、感知、无形的重要性。在这一背景下，电影与面料的质地相类似。

12. 众所周知，比利·怀尔德（Billy Wilder）不屑鲁赫曼的版本，称为"迈克尔·温纳（Michael Winner）执导普鲁斯特的作品"。

13. 在里德尔的《MOI NON PLUS》中，莲花鞋在运动中的面料这一片段中，作为配乐的诗作被提及。

第十一章

电影中情欲的面料

14. 印刷品上的女人穿着莲花拖鞋欢爱。实际上人们不认为缠足有吸引力，人们看重的是它的尺寸，及其对内脏的影响。

15. 每一帧都单独使用模板和彩色染料手工上色。值得注意的是，有些人质疑舞者的身份，认为是 Papinta，火焰舞者。

参考文献

Braveheart (1995) [Film] Dir. Mel Gibson, USA: 20th Century Fox Bruno, Giulliana (2003), *Pleats of Matter, Folds of the Soul, Log.*

No.1, New York: Anyone Corporation.

Danse Serpentine (1896) [Film] Dir. Lumière Brothers, France: Lumière.

de Clérambault, Gaëtan Gatian (1908), *Passion érotique des étoffes chez la femme. Archives d'anthropologie criminelle de Médecine légale et de psychologie normale et pathologique*, t. XXIII, Paris: Éditions Masson et Cie.

Foreman, A. (2015), "Why Footbinding Persisted in China for a Millennium," *The Smithsonian Magazine*, February. Available at: http://www.smithsonianmag.com/history/why-footbinding-persisted-china-millennium–180953971/ (accessed May 17, 2017).

Fothergill, Anthony (ed.) (1996), *Oscar Wilde's Plays, Prose Writings and Poems*, London: Everyman/J. M. Dent.

French, P. (2011), "French Cancan Review," *Observer*, 7 August. Available online: https://www.theguardian.com/film/2011/aug/07/french-cancan-jean-renoir-review (accessed May 17, 2017).

The Great Gatsby (1974). [Film]. Dir. Jack Clayton. USA. Paramount Pictures.

Gulik, Robert Hans van (2004), *Erotic Colour Prints of the Ming Period: With an Essay on Chinese Sex Life from the Han to the Ch'ing Dynasty. BC 206–AD1644,* Leiden: Koninklijke Brill.

Hogarth, William (1753), *The Analysis of Beauty*, London: John Reeves. The Inn of the Sixth Happiness (1958). [Film] Dir. Mark Robson.

UK: 20th Century Fox.

In the Mood for Love (2000). [Film] Dir. Wong Kar-Wai, Prod. Wong Kar-wai.

In the Realm of the Senses/Ai no Corrida (1976) [Film] Dir. Nagisa Ôshima, France: Argos Films, Japan: Oshima Productions, Japan: Shibata Organisation.

James, Clive. Yumeji's Theme from "In the Mood for Love."

Kar-wai, Wong (2001) interview.

MOI NON PLUS (2015). [Film] Dir. Liz Rideal.

Mulvey, Laura (1975), *Visual Pleasure and Narrative Cinema*, Screen 16 (3): 6–18.

Mulvey, Laura (2005), *Death 24 X A Second*, London: Reaktion Books.

Papinta, The Flame Dancer.

Said, E. W. (1978), *Orientalism*, New York: Pantheon Books.

Sarrazin, Natalie (2008), "Celluloid Love Songs: Musical 'Modus Operandi' and the Dramatic Aesthetics of Romantic Hindi Film," *Popular Music*, 27 (3): 374–411.

Shera, P. A. (2009), "Selfish Passions and Artificial Desire: Rereading Clérambault's Study of 'Silk Erotomania,' " *Journal of the History of Sexuality*, 18: 159–79.

Singin' in the Rain (1952). [Film] Dir. Stanley Donen and Gene Kelly, USA: Metro-Goldwyn-Mayer, USA: Loew's Incorporated.

Webb, Peter (1979), *The Erotic Arts*, London: Secker & Warburg.

Yue, A. (2003), "In the Mood for Love: Intersections of Hong Kong Modernity," in C. Berry (ed.), *Chinese Film in Focus: 25 New Takes*, *London*: British Film Institute: 128–136.

12

第十二章

表演者视角

准备是表演的开始，而我正处于准备阶段。我在卫生间的公共区域，现在这里成了我的更衣室。考虑到地方的特殊性，这里不同于我之前去过的更衣室，它已经成为共享空间。卫生间对所有活动参与者开放，当我走向装衣服的袋子时，他们就从旁边进进出出。这些衣服成了该事件的同谋，因为脱衣服本身只有一个观众：那就是我，我在强烈的亲密气氛中为自己表演。我开始脱衣然后再准备穿衣，把自己从自我中分离出来，以便与另一个自我融合。

我拿起袋子，打开，把里面的东西放在架子上。衣服现在就在我身边，它们就在同一个地方等着被穿上。它们是衣服，很多衣服，好似已经在观看表演。每一件衣服都有自己的历史，属于某一个人。当我的身体接近衣服的身体时，角色发生了逆转。我的身体消失了，每一件衣服吸收了我灵魂的一部分成为另一个存在。我穿上另一件，我穿着它，许多故事就汇集在我身上，我此时此刻代表着无数的故事。

我准备好了出场方式，并使它充满活力和专注。这是重复行为的准备仪式。

我陷入其中。

我准备好了。

我下楼走进将要发生转变的空间。我以一种不同于脱下衣服之前的方式走向它。我感到局限、束缚、限制，但又感到平静。我穿了20多条短裤。我的胸部裹着同样数量的各式尺寸的胸罩，这些紧身胸衣／背甲让我感到窒息。

表演已经在楼上的更衣室开始了，但最精彩的部分才刚刚开始。我穿的衣服成为主角，但无人知晓。我在寂静中呈现自己。我站稳了脚，开始环顾房间。阳光透过艺术工人工会大厅的窗户射进来。电灯也亮着，我能看见观众：不仅有站着的观众，也有坐着的。房间的四面墙上挂着许多富丽堂皇的画像。我记得除了一个女人，其他所有的画像都是男人。

我的活动范围受限，但观众的存在，包括周围的画像，又使它显得大得多。我与他们的目光相遇，我的目光在无形的空气中飘忽不定，从一张脸到另一张脸，直到我看到所有的人，包括画像。这是我们的第一次会面。我感受到了欢迎，我也向他们致意：交流着即将发生和正在发生的。我的穿着吸引了注意。在这个房间里有一种感觉，有一种能量正在汇聚。我觉得自己可以控制方向，我的身体也没有迷失方向。它仿佛知道要去哪里。

我低下头，弯腰，脊椎骨极力弯曲，尽可能地够到第一条黑色短裤。我抓住短裤顶部，把它们拉向我的脚踝，停在那里。然后我将其他的短裤也拉下来，每一件都会多盖住我的腿一点，直到肉完全被盖住。我把手伸进胸罩的带子里，然后才抬起头来。我再一次展现自己，换了个样而已，现在我的人并不在这里，我只是在表演。我缓慢地伸缩着胳膊，尽可能地填满原本局限的衣服里剩余的空间。我有了新皮肤，它可以拉伸，也可以容纳我。我的内在维持并管理着每一个动作，测量出刚好合适的量，以便我可以以适当的信念和精致的方式呈现和移动这些外部的身体。然后像仙女一样，首先从衣服里挣脱出一只手，然后伸出另一只手，一旦伸出，它们就会伸展开来，在空气中自由挥舞，从束缚中解放出来，自由地呼吸。一切都是寂静无声的：你能听到我的呼吸，我的身体也没有失控。

上肢是自由的，它们向下移动到臀部，抓住由短裤制成的裙子，改变现有状态。它们以更快的速度滑落，一旦它们脱落，双臂把衣服举过头顶，这个动作就会缓慢稳定下来。我的身影被拉长，最后成了一个点，同时它已经开始呈现不同的形状，向下移动，直到掉在地上，感受衣服的重量和它们带来的束缚感。

最后我坐在一个小木架上。

我独自在这里，感觉自己像是一幅画，就好像是出现在墙上的又一幅画像。我转过头，背对着观众，看着挂在墙上的其他观众。就像开始时一样，我再次与他们目光相遇，然后我转过头去看着房间里的观众，再次与他们的目光相遇。那里有一种魅力，我也为这个地方和这些热情的观众感到着迷。

我让短裤做的帽子滑到地上，把头靠在衣服上。我以这样的姿势躺下，紧紧贴着地面。

脱衣——观众视角

偌大的房间里挤满了人，寂静无声，座无虚席，空气中充满了期待。房间里几乎没有人知道将要发生什么。然后，你无声无息地站在通向房间的台阶顶端，直视前方。当人们开始注意到你并欣赏你非凡的外表时，你却一动不动。你身材娇小，穿着紧身衣，你的臀部看起来大得失调，你的腰部有好几件文胸。你转过头看着我们，与我们的目光相遇，用目光交流，看清我们是谁。

然后你看向别处，双腿微微分开，毫无预兆地，轻轻把短裤脱到脚踝以上。这不是调戏，这就好像是你一个人的私人行为，自顾自地脱下短裤自己去洗，或准备去洗澡间。突然间，我们变成了看着苏珊娜梳妆的老人们，目不转睛地看着。当你脱下一条短裤时，我们就会发现你还穿了一条。现在我们知道为什么你的屁股看起来那么笨重了。你一遍又一遍地重复这个动作，脱下的短裤堆在一起就像是一件五彩缤纷的裙子，从脚踝到腰部，由20多条短裤组成，每条都与前一条相接。大家一动不动。你小心地调整裙子，然后将你的手臂插进两边垂下来的许多文胸肩带中。

你的身体现在被束缚住了；你的双腿必须分开，这样短裤裙才能保持在适当的位置，你的胳膊只能放在两侧。你再次一动不动地站着，注视着前方。然后你把你的手臂稍微移开，像一只茧中的蝴蝶或蛾子，然后你开始非常缓慢地走下台阶，朝我们走来。你四肢虽然受限，但你的动作非常优雅。你轻轻弯腰，你看着我们，身体向后倾斜，控住身体慢慢移动，你的脚微微弯曲着来保持身体平衡。你凝视着整个房间。你的眼睛里充满了自信，你的外表看上去很脆弱，但你的内心是美丽而坚强的。

你控制着每一块肌肉摇摆，弯腰，仔细琢磨每一步落脚的位置，你以自己的节奏在我们面前的地板上移动着，然后突然停下来，挣脱出一只胳膊。那只胳膊像翅膀一样抬起，然后挣脱出另一只胳膊，你的双臂舒展开来，尽情地自由活动着。你伸展和弯曲背部，做出妥协的姿势，然后突然弯腰，迅速脱掉短裤裙，短裤裙自动卷起来，像剥落的皮肤一样。你把它高高举起，端详着，然后把它放在你的头上，它待的地方是一捆布。它不再束缚你，而成了一种负担，让你负重前行。

慢慢地，你降低身段半蹲下去，但头抬得高高的，转身背对着我们。你先把头转向一边，又转向另一边，然后伸出一只手撑在地上，把身子伏下，再把脸转向我们，你头上那捆布仍然保持着平衡。你平视着我们，我们每个人都感觉到一种独立的联系。我们觉得你是永恒的奥达里斯克，头上戴着头巾，手托着下巴，吸引我们的目光，直视着我们，打量着我们。那是一段很长的目光交流。你达到了你的目的，毫不费力就吸引了我们。面料的叙事，与身体亲密接触的短裤和文胸，吸引住我们，抓住我们的眼球，就像被你吸引住一样。然后你闭上眼睛，让头巾滑到地上，然后你就翻身仰面躺着；我们离席。

英国伦敦，2016 年 1 月 11 日

LM（莱斯利·米勒）： 在乔纳森·费厄斯给《危险的着装：电影中功能失调的时尚》（*Dressing Dangerously: Dysfunctional Fashion in*

Film）所著的引言中，他认为，剥去服装的正常功能，能够让其产生转变并"成为另一组拥有沟通力量的服装信号，并超越电影的叙事范围"（Faiers 2013：9）。你认为这和你在《脱衣》中的表演方法是否产生了共鸣？

MM（松下雅子）:《脱衣》是来自主体和客体相融合的隐喻性表演。这是一个短暂的成为状态，在此之中，观众可以自由进行理解。我将自己置身于转变的状态之中。这也是一个知觉问题。看到不同国家的观众看到这个作品的反应，我感到十分有趣。有些国家的观众笑了，但英国的观众则完全投入，十分严肃。

LM: 他们会因尴尬而笑吗？

MM: 是的，当这一转变是禁忌的时候（这不也是暧昧的吗？）。不管舒适与否，内衣都是我们女性必须穿的东西。我用内裤做了一个很常见的动作：我把它们拉了下来，就好像要去厕所一般。这时人们认出了这个动作，并感到尴尬。这个动作一般不在公共场合进行；事实上，正是因为这个动作并不性感，所以才导致了这一转变。若我想要变得性感，我会用完全不同的方式脱去内衣。

LM: 当然，内衣不仅仅代表着亲密，脱去内衣与完全私密的行为极为有关。然而，正是因为它的亲密性和私密性，它也充满情欲，但这并不是人们所想要得到的那种情欲。但它仍然是情欲。

MM: 你还记得我们头一次谈到这个作品时，你问了我一个问题："你认为你的作品是情欲的吗？"当然了，我的表演之中是有一些非常情欲的东西，但在这不着衣履的方式中也有一些非常独特和私人的东西。我做《脱衣》并不是为了创作一件情欲作品。当我接受你和爱丽丝的邀请，成为《面料的隐喻性》一书的一部分时，尽管明知情欲天生存在于我的表演之中，但我还是开始有意识地思考这个主题。我必须严格地自我控制我的身体，以完成动作。最重要的是，我要吸引住观众的注意力，这需要我在表演时保持专注和自我控制。以这种方式进行表演、展现动作，你必须完全了解你自己——你的身体和心灵。我想，或许情欲来自我身边强烈的存在感。或许这是情欲和控制之间的联系，这也是我将情欲带入表演中的原因和方法。如果除此之外还有什么别的，那一定是来自观众，而不是来自我。

LM：对我而言，我认为情欲存在于一个人获得控制之前的那一刻——这是一个你无法控制的感觉。

MM：那如果我说，你在《脱衣》中看到情欲的那一刻，是我最得以控制的时候？

LM：我要说，一旦我理解了这一点，它就从情欲变为欲望了。欲望和控制有关。在我们给它命名的那一刻，我们就将那种模糊的兴奋感转变为一种对它的欲望。

MM：这没错。情欲，当它是一种模糊的感觉时，它包含记忆和唤醒情欲存在状态的不受控制的感觉。情欲泛滥了主体，因为它无法控制欢愉和快乐的感觉。但这发生在观众所见的背景之下。我就是那洪水。

LM：我们也在见证服装和你的转变：内衣变成了裙子，接着变成剥落的皮肤，然后变成一顶帽子。这几乎就是你对观众说："你觉得这些东西是什么？"就像皮肤脱落、就像你脱掉你的面料／皮肤一样，它们完全转变了。它变成了完全没有个人联系的东西，它就是"其他"。这些物品是一条道路，从无限接近你的中心通往完全无法辨认。我在想，你是什么时候决定把这些物品放在头上的?

MM: 这发生于我在寻找方法以转变和发现我自己和另一个自我(客体—身体)之间的可能的过程之中。这和改变角度、彻底转变有关。之所以这样做,是因为我喜欢改变事物的面貌,去转变它们,去寻找事物被赋予的功能之外的其他意义。我总是在不停地研究。作为一名艺术家,以及我总想要给我的作品所带来的,是以不同的方式看待事物,创造另一种叙事。

在表演方面,当脱去内衣的"皮肤"之时,我决定创造一个动作:从腰部到腿部、离开并远离身体。当我将脱落的皮肤高举在空中之时,我觉得它必须要回到身体之上,它属于身体,但它转变了,所以我将它放在头顶。脱去皮肤、穿上皮肤。接着我感觉到了头顶的重量,所以我/我的身体必须在重量之下,向下移动。

LM: 当在描述你头顶的那一包衣物时,你将之描述为"重量",当然它也是过去的重量……是那些穿着内衣的人、那些在场的和不在场的身体的重量。面料成为你不在场的身体,和/或其他不在场的身体:两者的混合。

MM: 来自身体、离开身体、位于身体。我将之视为不可见/可见的点状循环,在此之中,重量被承载,也承载着我。从存在中消失,通过消失的身体而存在,并凭此属于存在。我认为这会继续不断重复下去,生活亦是如此。

LM: 在你的舞蹈《TaikokiaT》中,你穿了很多件和服,这一定会有真实的身体重量。你说到"和服分层",你能解释下是什么意思吗?

MM: 我使用很多层和服来增加身体的重量。这些令人惊叹的织物一层叠着一层，所以我最初被遮住了，很难移动。所有这些不同的和服约束并限制了我。在这一限制之中我想展示、揭示美学从精致的脱衣之中绽放。

LM: 精致的脱衣？所以精致是藏在和服之下的？你脱衣揭示了精致？

MM: 是的，在这一限制内，我们是有可能意识到一个人的身体，并去感受它的。然后在这一限制之后，脱去这几层和服，将它们拿开，你就可以重生，看到你自己，也就是在剥去 / 丢弃所有覆盖于上的那些层后，剩下的最里一层。这样的行为和《脱衣》中脱去内衣的行为相似。从皮肤之中绽放。

LM: 你的动作非常传神，当然了，在《脱衣》中，也非常缓慢，凸显了限制，然后是摆脱限制的自由。

MM: 动作来自核心。我感受到身上的一层层衣服，那些是对我的限制。为了能够移动，我必须从中心移动。感觉非常沉重。

在我的动作中，我受到舞踏（butoh）的影响——找到对空间和意象的运用。舞踏的缓慢步伐，正如我和玛丽 - 加布里埃尔·罗蒂（Marie-Gabrielle Rotie）一同体验的那样，我将过去抛诸脑后，走向未来。用这种方式移动，就好像是你抛下了灵魂，但你能感觉它在你身后。每个动作都像是一帧，电影的一帧，你离开了原位，但你仍记得这个你刚刚离开的位置，与此同时你迈向未知，走进下一帧，进入未来。每当你进入未来的那一刻，未来就成了现在，一个已经过去的现在。

LM: 随着面料在你背后飘扬……情欲面料代表了我们所不能看见的: 消失 - 存在的身体。

MM: 响应了身体动作的精致。

意大利佩萨罗，2016 年 5 月 30 日

LM: 在你的作品中，我感觉面料是身体内脏的中介表面。然而在最新版本的《脱衣》中，你脱掉了一切。

MM: 在受到穿着由内衣做成的皮肤的限制之后，我遵循了摆脱约束和限制的需要。我觉得有必要将层层衣服剥去，拿走它们，再次强化我自身的存在。当覆盖在我身上的所有层被剥去后，我的最里一层复生了。留下的这一层是我的皮肉，它是由皮肤做成的面料，自由地穿在我这洁净的身体之上。在开始另一个转变之前，我想展示我需要什么。

LM: 你将全部内衣剥去的那一刻，就像是脱下贝壳，就像是蝴蝶破茧而出。当你将自己从内衣中推拉出来的时候，也是相当暴力的。

MM: 是的，就像是一只鹰试图换掉自己的喙。这一过程要花费超过一个月时间，并且相当痛苦——它被迫如此，不这么做，它就会死；它不停啄击岩石，直到旧的覆盖脱落。新的喙要花两个星期长出来。这不会发生在它们很小的时候，当它们长到一定岁数时，它们便必须这么做。当我表演新版的《脱衣》时，我挣扎在女性物品之中，就好像是一条正在蜕皮的蛇，换喙的老鹰一般，接着我走到放在舞台上的一条条面料之上。我将自己的身体织进织出，通过对结构的使用为自己找到一个方法，一个有规则的结构，以便和人的身体合二为一。我的身体同生活中必须遵循的结构有关。

LM: 但你改变了它，使之成为自己的一部分。看似僵硬的线条结构转变成另一种着装，自由飘扬，毫无结构。

MM: 就像没有缝线的和服一样——然后它就变成了延伸——不知

怎么地就变成了无形的和有形的。

LM: 我们通过每条面料之间的空间瞥见你的身体，你被覆盖着，但并非全部被覆盖着，然后它再度开始变得情欲了起来。你将你自己裹在面料之中，将你的身体穿过这些面料空间。我认为，你和情欲面料的关系就在那个空间里，不管你的身体在不在那个空间之中。

MM: 我好奇情欲是否比欲望更长久——你永远无法摆脱它。情欲永不消失。

LM: 我对这个观点很感兴趣，人们永远无法摆脱情欲；人或走或留，但情欲一直存在。情欲并不精确，它是模糊的、流动的和微妙的。模糊并非随意，它不是任意的一件事，我认为它还是要在情欲中展现，它必须保持模糊，因为情欲就像模糊一样，是没有边缘的边界，也没有转变。

MM: 当你说到边缘时，我脑子里所想的不是障碍或限制的边缘、墙壁或……

LM: 当你站立不动的时候，便有边缘存在，一旦你移动了，边缘就会改变。

MM: 它确实始终如此，并有可能不再回来。

LM: 身体这样或那样地变化着，身体没有边缘，它是一个连续的轮廓；尽管在任何时候我们都只能看到它的一部分，但我们仍了解这一点。

MM: 过去的动作和未来的动作……在一些作品中，我确实从一边移动到另一边……上次我们谈论过了舞踏——留下身体的痕迹，并通过身体进入未来。步伐是多么、多么、多么地缓慢，你可以感觉到层层皮肤被留在身后——这并不是任意的一件事。图像被留在身后，你再也无法抓到它了，但它仍在空间中产生共鸣。我不停移动，当我想象它时，图像已经模糊了。

LM：这就是一个纺织品的图像，虽不是面料但似面料，它是面料所描述的动作——在和你说话之时，我就能够看到它，正如我之前所说，就像一块描述你曾所在的漂浮面料。因为你不处于面料所在的地方，而面料则位于身体刚离开的地方——面料总是随着你的移动而移动，处在你刚离开的地方……消失的身体事实上便是自身，这个身体我们永远无法得见。我们通过我们的眼睛认识他人，但我们永远看不到我们的眼睛注视着我们自己。虽然我能在镜子中看到我的眼睛，但我无法看到我自己所见。然而面料能描述所见，可以描述早已不在那的身体。

德鲁·雷德（Drew Leder）写道（1990 年），身体的本质就是从它所站立的地方向外投影。从"这里"诞生一个附近和远方的感知世界。从"现在"我们栖居于有意义的过去以及投影和目标的未来领域。

MM：是的，当我赤身裸体站在那儿的时候，既没有过去，也没有未来。当我脱下衣服，穿上另一件衣服，这就是我着陆和离开的时刻，也是感知过去和未来的时刻。

LM：雷德还说如果我们不参照感知身体消失的存在，那么我们既无法理解起源、方向，也无法理解知觉场（perceptual field）的结构。

面料一直保留着身体的印记，因此身体永存——身体存在于面料之中，来自过去，处于现在，为了未来……

MM：当我在表演之时，人一直是很重要的。比如，《脱衣》中穿着内衣的人。还有最近的一个作品《一个动作的日记》（Diary of a Move），它是有关捕捉其他人动作的。在特定的天数中，我每天记录下身旁的人所做的一个或多个动作。当我跳起《一个动作的日记》之舞时，每一个动作都将我带回那些已过去的特定时刻。通过这些人的动作，我在他们的故事之中活了一阵子。这是转化的转化。

对《脱衣》而言，我曾思考铠甲，铠甲之内的空间已经历过时间中过去的一刻，所以它是记忆，铠甲之内是一个由空间和时间构成的身体——铠甲这一容器是一层膜，使事物得以穿过。

LM: 你如何将此与你自己的表演联系起来？

MM: 当我与之协作时，我并不需要利用它，这取决于作品的性质。但当我独自表演时，通过我的铠甲和我内部容积之间的转换，我自己得以找到方法消失，并凭此传递它，从而得以与它有了直接的联系。

LM: 然而，面料永远知道皮肤的故事。

MM: 所以故事没有结束。

继续《脱衣》——表演者的观点

剧场，黑盒子。舞台之上是一具女性的身体，还有八条长长的织物带子直对着观众。

四周漆黑，微弱的灯光打在我所在的地方。

《脱衣》的第一部分结束时，我的身体蜷缩着，躺在舞台右前方，在空间上和开始时所在的地方正相反。正是在这里，开始了作品的发展。

我躺着，头枕着"换下的内衣"。我仰面朝上，解开胸罩的钩子，松开它对胸部的束缚。渐渐地，我的肺在胸腔之中获得了空间。我翻了个身，继续这个动作。这样气喘吁吁、抽搐地解开内衣，是一个习惯性的动作。我将自己从衣服的束缚中挣脱。我从豆荚之中剥壳而出。我放弃了包装、包裹、覆盖。

我发现我自己站了起来，冲突变得强烈，展现了自己本来的样子。

当我走向位于第四条和第五条织物带子之间的房间中心之时，整个舞台亮了起来。我缓慢地放低自己的身子，在观众的默默注视下，躺在舞台之上。我心醉沉迷地将自己置于自我 – 身体和客体 – 身体（线条）的沉浸和融合之中。这几条普鲁士蓝织物的存在，是精确、结构、规律、方向和规模的象征。这几条带子是扩展眼界的线条，标明了交叉，是一个几何的身体，决定了实现目标的方式。

带子就在我身边的地板上。我张开双臂，手掌滑向身边两条带子的下面，将它们举起，带到我面前。我继续如此，将剩下的带子捡起，一个接一个缠绕在我的身体之上，将我的皮肤和另一个皮肤缝合，将自己融合在一个身体中。

边界的线条引起了身体的重生。

我通过一件新衣服从二维的表面再度出现，并生成了三维。

身体是强烈存在的，同时又是消失的。

身体是融合的中心点，是连接沙漏两端的管道。

参考文献

Faiers, J. (2013), *Dressing Dangerously: Dysfunctional Fashion in Film*, New Haven, CT: Yale University Press.

Leder, Drew (1990), *The Absent Body*, Chicago: University of Chicago Press.

后记：情欲的面料

——以和服为例

池田优子

面料即是情欲。例如，贝尼尼和卡诺瓦的大理石雕塑上的织物就非常地有情欲。雕塑雕刻的是成熟的人体，垂褶的面料覆于其上，激发了我们的触觉，就好像它有了生命一般。相比之下，日本和服，以及制成它的面料，在情欲方面就要微妙得多。和服由竖直的布条制成，并不修身，而是如一个圆柱一般罩在身上，它几乎是纯洁的，没有褶皱。在外面的和服下面，日本妇女穿着另一种和服，名为襦袢。当穿着者移动时，我们可以透过和服的袖子或裙边不经意间看到里面的襦袢。一些穿着大胆的女性有时敢于穿一件素色的和服，而里面穿着色彩鲜艳的襦袢。这就是日本哲学家九鬼周造（Shuzi Kuku）在他的著作《"粹"的构造》（1930年）所描述的日本"粹"美学意识，它包含江户时代最受推崇的特征：感性、勇气和接受。此外，一块被称作半襟的小面料被缝在襦袢的衣领之上。尽管半襟本质是用来防污的，但它经常由完全不同种类的面料制成，比如天鹅绒和装饰性的刺绣面料。我们可以在衣服和衣领或胸口之间瞥见半襟。这些面料将我们吸引到织物和裸露的皮肤之间的边界，让我们对和服之下的身体产生遐想，日本男人所穿和服通常用色淡雅，或不饰有装饰图案，但在底边会有一个小印花或刺绣。当站或坐时，这一枚小小的装饰就会隐藏在层层面料之下。然而，当这名男性在走路或爬楼梯时，它就会突然显现，吸引我们的目光。日本男性也在衣服外面穿一件短和服风格的马甲，称为羽织。羽织的衬里通常印有或绣有图案，如龙、凤、富士山、海浪等。当羽织被穿在身上时，你无法看到这些图案；当羽织被脱下时，你才能得偿所见。这些饰有图案的服饰，暗示着隐藏在身体之中的灵魂。

和服的面料十分情欲。这是一种你可以通过眼睛想象出的情欲。

参考文献

Shuzo Kuki (1930), *The Structure of Iki*. English translation available in Nara Hiroshi (2004), *The Structure of Detachment: The Aesthetic Vision of Kuki Shuzo*, Honolulu: University of Hawai'i Press.

须藤玲子/"布"工作室（NUNO），《海豹皮》（*Sealskin*, 1995 年），

100% 聚酯纤维。

摄影：苏·麦克纳布。

图 1

西山美奈子:《漂亮小女孩的美丽打扮》（1992 年）装置艺术,
日本东京美术馆。

尺寸: 320 厘米 ×320 厘米。
摄影: 黑泽真。

图 2

苏茜·麦克默里:《贝壳》(细节 2, 2006 年), 22000 枚蚌壳、红色天鹅绒。

装置艺术, 英国西苏塞克斯奇切斯特帕兰德之家画廊。

摄像: 苏茜·麦克默里。

图 3

彼得·莱利爵士：《戴安娜·科克，后来的牛津伯爵夫人》
（1665—1670 年）。

布面油画。
尺寸：154.9 厘米 ×127 厘米 ×9.5 厘米。
耶鲁英国艺术中心，收藏家：保罗·梅隆。

图 4

《村山顺子编织》（2013 年）。

摄影：莱斯利·米勒。

图 5

爱丽丝·凯特：《鲁科》（细节，2012 年）。

亚麻织绣作品。
尺寸：190 厘米 ×120 厘米。
摄影：乔·洛。

图 6

扬·凡·艾克：《阿诺芬妮夫妇肖像》（1434 年）。

橡木板油画。尺寸：82.2 厘米 ×60 厘米。盖蒂图片美术。
捐赠编码：544226862。考比斯历史图片所藏。

图 7

提香：《照镜子的维纳斯》（1555 年）。

布面油画。尺寸：157.48 厘米 ×139.07 厘米。
华盛顿国家美术馆（由安德鲁·梅隆资助）。

图 8

玛格达莱纳·阿巴卡诺维奇:《阿巴卡胭脂 3》(1970—1971 年)。

尺寸:300 厘米 ×300 厘米 ×45 厘米。
洛桑汤姆斯保利基金会。摄影:阿诺德·科纳。

图 9

艾琳·M.莱利:《自画像 1》（2012 年）。

毛料和棉。
尺寸：182.88 厘米 ×121.92 厘米。
摄影：艾琳·M.莱利。

图 10

《羽织和服》（细节图，1930 年）。

丝绸。尺寸：90 厘米 ×140 厘米。高木浩二收藏。摄影：高木浩二。

图 11

《花样年华》（2000 年）。

电影截图。
导演：王家卫。监制：王家卫。

图 12

鲍勃·怀特:《面料与皮肤之间》(2004 年)。

使用丙烯酸颜料绘制于厚棉布上。
尺寸:163 厘米 ×66 厘米。
摄影:鲍勃·怀特。

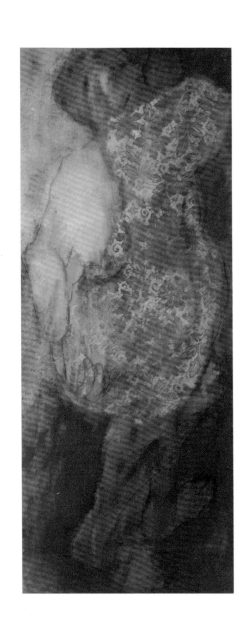

图 13

《朋克》（1977 年）。

Keystone Feature/ 特约。编号：3271169。霍尔顿图片库所藏。
摄影：Keystone Feature / 盖蒂图片社。

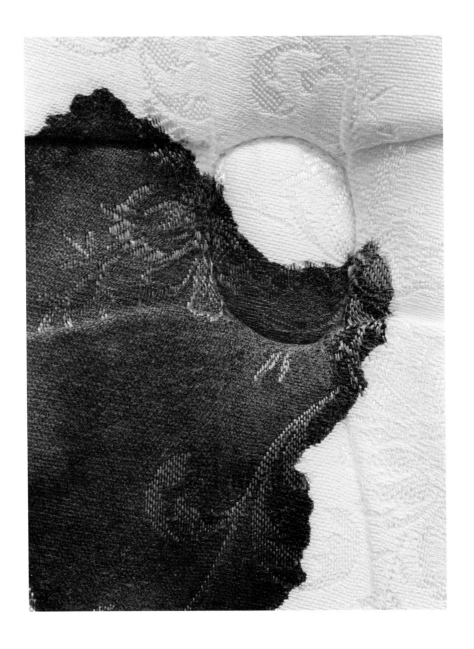

图 14

莎拉·苏霍夫：《在我们死亡的那一刻：60 岁男性用猎枪自杀》（2011 年）。

档案的涂料印花。尺寸：101 厘米 ×76 厘米。

摄影：莎拉·苏霍夫。

图 15

松下雅子：《TaikokaiT》(2012 年)。

舞蹈。摄影：阿莱西亚·乌戈齐奥尼。

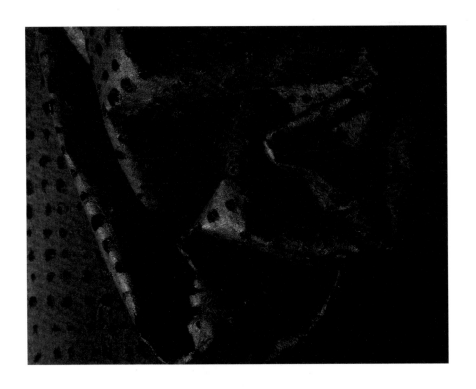

图 16

须藤玲子 /"布"工作室（NUNO）：《Amate アマテ》（2000 年）。

人造丝涤纶布。摄影：苏·麦克纳布。

图 17

吉奥瓦尼·巴提斯塔·莫罗尼，
人物肖像画《裁缝（"The Tailor" Il Tagliapanni)》（约 1570 年）。

帆布油画。尺寸：99.5 厘米 ×77 厘米。
收藏于伦敦英国国家美术馆，编号：NG697。

图 18

安吉拉·麦多克,《捆绑》(2016 年)。

银剪刀和红纱线。尺寸：15 厘米 ×5 厘米。
摄影：马修·欧登。

图 19

安吉拉·麦多克，《关于铁、羊毛和肉体》（2006 年）。

装置艺术，由铁器、丝绸和羊毛线制成。
摄影：艾迪·梅宾。

图 20

乔瓦尼·斯佩尔蒂尼，《一心写作的女孩》（1866 年）。

米兰现代艺术美术馆。

图 21

朱塞佩·拉泽利尼,《去沐浴的仙女》(1862 年)。

图 22

奈杰尔·赫尔斯通，《结束（The End）》系列。（2012）。

机绣和雪纺覆面的粘胶数码印花。
尺寸：120 厘米 ×80 厘米。鸣谢 SIT。
摄影：本·布莱科尔（Ben Blackall）。

图 23

奈杰尔·赫尔斯通,《何等荣幸(What Pleasure)》(2013 年),
第一件,总计 12 件。

棉纱,棉及羊毛绣花线,数字印染,刺绣。
尺寸 128 厘米 ×94 厘米。摄影师:奈杰尔·赫尔斯通。

图 24

奈杰尔·赫尔斯通，《何等荣幸（What Pleasure)》（2013 年)，
第一件，总计 12 件。

棉纱，棉及羊毛绣花线，数字印染，刺绣。
尺寸 128 厘米 ×94 厘米。
摄影：奈杰尔·赫尔斯通。

图 25

让 - 安东尼·华多，《两个表姐妹（Les Deux Cousines (Two Cousins))》（1716 年）。

帆布油画。尺寸：30 厘米 ×36 厘米。
巴黎卢浮宫馆藏。世界遗产图片 / 贡献者。
盖蒂图片社，编号：520724703，霍顿美术收藏。

图 26

黛布拉 · 罗伯茨,《18 世纪法式长袍袖子改造细节图》(2017 年)。

材质为 18 世纪的塔夫绸。摄影:黛布拉 · 罗伯茨。

图 27

宫廷礼服（约 1770 年）。

材质为法式宽条丝绸，鲑鱼粉为底，配以三条绸带图案，包括
一件宽大的垂坠上衣和一整条裙子。意大利罗马或马尔凯地区
造。Dea 图片图书馆。盖蒂创意图片号：119706947。

图 28

窗台装饰，小粉红营地，瓜利亚，澳大利亚（1995 年）。

摄影：蒂姆·布鲁克（Tim Brook）。

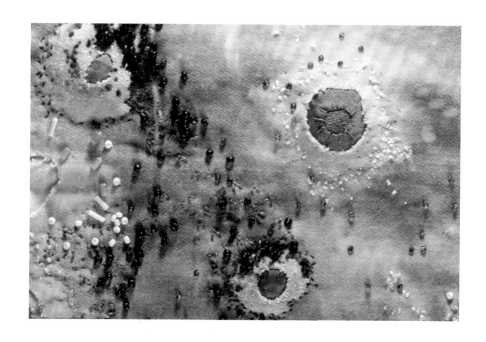

图 29

露丝·辛斯顿,《盐湖和矿山》(1995 年)。

用天然桉树染料染色的全棉平绒;聚酯纤维;丝绸、羊毛、棉线、铜线;玻璃珠。
尺寸:25 厘米 ×110 厘米 ×1 厘米。摄影:蒂姆·布鲁克。

图 30

废弃的墓地（1995 年）。

卡尔古利，澳大利亚。摄影：蒂姆·布鲁克。

图 31

性手枪乐队演唱会上的席德·维瑟斯和薇薇安·韦斯特伍德，1976 年。

"性"商店门前的乔丹，国王大道 430 号，1976 年。

摄影：希拉·洛克（Sheila Rock）。

图 32

薇薇安·韦斯特伍德，反纳粹的"毁灭"衬衫，BOY 重印，1991 至 1992 年（原版保守党设计，1977 年）。

收藏：马尔科姆·加雷特收藏，曼彻斯特都市大学特别收藏。摄影：大卫·佩妮。

图 33

薇薇安·韦斯特伍德，紧身胸衣套头衫，长袖卷领，
开放式学院风, 来自 1991 至 1992 年"装扮"系列。

马尔科姆·加雷特收藏，曼彻斯特都市大学特别收藏。
摄影：大卫·佩妮。

图 34

珠宝设计师朱迪·布雷恩，来自"银行"工作室，这是他与马尔科姆·加雷特共用的位于科腾路的工作室，也是伦敦肖尔迪奇市第一座此类建筑（1984 年）。

盖蒂图片社，编号 558229551。环球影业集团。
摄影：PYMCA/UIG，盖蒂图片社。

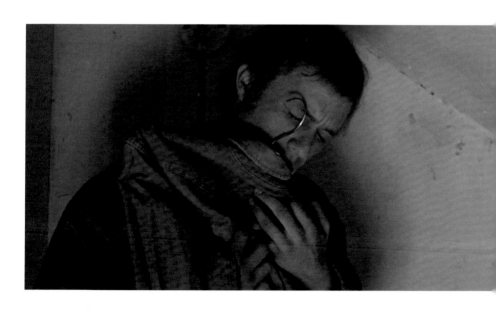

图 35

希斯·莱杰感受着衬衫的气息。《断背山》电影截图（2005 年）。

导演：李安。
制片人：拉里·麦克穆特瑞、黛安娜·奥撒纳、詹姆士·沙姆斯。

图 36

衬衫工厂中的女工们。德里市斯特拉班区档案馆,

20 世纪中叶。

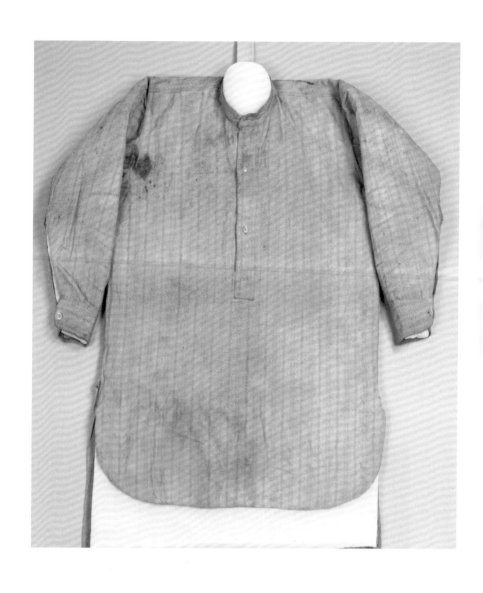

图 37

詹姆斯·康诺利的衬衫（1916 年）。

爱尔兰国家博物馆棉质收藏品。

图 38

作为奥林比亚的普利斯。

《银翼杀手：最终剪辑版》([1982] 2007) 电影截图。
导演：雷德利·斯科特，
制片：迈克尔·迪雷（1982 年）、查尔斯·德·劳氏里卡（2007 年）。

图 39

卑贱的索拉，带着她的制造者印记。《银翼杀手:最终剪辑版》
([1982] 2007) 电影截图。

导演:雷德利·斯科特，制片:迈克尔·迪雷 （1982）、查尔斯·德·劳
氏里卡 （2007）。

图 40

瑞秋放下她的头发。

《银翼杀手：最终剪辑版》（([1982] 2007)）截图。
导演：雷德利·斯科特，制片：迈克尔·迪雷（1982）、
查尔斯·德·劳氏里卡（2007）。

图 41

罗伊在雨中的最后时刻。《银翼杀手：最终剪辑版》
(([1982] 2007)) 电影截图。

导演：雷德利·斯科特，制片：迈克尔·迪雷（1982）、查尔
斯·德·劳氏里卡（2007）。

图 42

安·汉密尔顿，《线程 - 事件》。

美国纽约中央公园军械库，韦德·汤普森大厅。
照片来源：Al Foote III

图 43

盐田千春，《手中的钥匙》（2015）。

第 56 届威尼斯双年展，日本馆装置艺术作品。

图 44

威廉 · 荷加斯：《美的分析》（1753 年第一版）。

文物图片 / 供稿人。

伦敦博物馆的休尔顿档案馆，编号：464472083。

图 45

罗伊·富勒,《百合之舞》（1896 年）。

图片 / 供稿人。收藏于：休尔顿档案馆。照片来
自 Imagno/ Getty Images。 编号：545942997。
摄影：西奥多·里维埃。

图 46

乔治娜·威廉姆斯，《蛇形舞：运动中的线条和平面》（2016 年）。

在纸上进行数字操作的笔。尺寸：30 厘米 ×42 厘米。

图 47

百老汇旋律芭蕾舞团。

截图取自 1952 年电影《雨中曲》。
导演：斯坦利·多南，吉恩·凯利。监制：亚瑟·弗里德。

图 48

19 世纪中国缠足妇女的莲花鞋。

伦敦维多利亚和阿尔伯特博物馆。

摄影：莉兹 · 里德尔

图 49

莉兹·里德尔:《印度之歌》(2015 年)。

摄影：莉兹·里德尔。

图 50

松下雅子:《脱衣》2015 年。

摄影:格里·迪耶贝尔。

图 51

松下雅子：《脱衣》（2015 年）。

摄影：保罗 · 皮亚吉。

图 52

松下雅子：《脱衣》（2016 年）。

摄影：保罗·皮亚吉。

图 53

莱斯·R.蒙德在庞狄莎的表演（2011 年 4 月 21 日）截图。

艺术家：Yuca。导演：恩佐。

图书在版编目（CIP）数据

面料的隐喻性：关于纺织品的心理学研究 / (英)
莱斯利·米勒 (Lesley Millar)，(英) 爱丽丝·凯特
(Alice Kettle) 编著；董方源，阎兆来译. -- 重庆：
重庆大学出版社, 2023.6
（万花筒）
书名原文：The Erotic Cloth: Seduction and
Fetishism in Textiles
ISBN 978-7-5689-3860-0

Ⅰ.①面… Ⅱ.①莱… ②爱… ③董… ④阎… Ⅲ.
①服装面料—应用心理学—研究 Ⅳ.①TS941.41
②TS941.12

中国国家版本馆CIP数据核字(2023)第066604号

面料的隐喻性：关于纺织品的心理学研究

MIANLIAO DE YINYUXING : GUANYU FANGZHIPIN DE XINLIXUE YANJIU

[英] 莱斯利·米勒（Lesley Millar）[英] 爱丽丝·凯特（Alice Kettle）—— 编著
董方源　阎兆来 —— 译

责任编辑：文　鹏
书籍设计：崔晓晋
责任校对：王　倩
责任印制：张　策

重庆大学出版社出版发行
出版人：饶帮华
社址：(401331) 重庆市沙坪坝区大学城西路 21 号
网址：http://www.cqup.com.cn
印刷：天津图文方嘉印刷有限公司

开本：880mm×1230mm　1/32　印张：11　字数：263 千
2023 年 5 月第 1 版　　2023 年 5 月第 1 次印刷
ISBN 978-7-5689-3860-0　定价：99.00 元

版贸核渝字（2018）第 279 号